AF648184

Svenja Wilms

Landschildkröten

So geht es deinen Tieren gut

Mit den wichtigsten **Dos** & **Don'ts**

KOSMOS

Inhalt

Die Reihe mit den Dos & Don'ts

→ **Auf einen Blick** Die Dos & Don'ts geben dir einen schnellen Überblick, um das Wesentliche auf den jeweiligen Seiten zu erfassen. Auch in den Umschlagklappen findest Du vorne alle wichtigen Dos und hinten alle Don'ts für deine Schildkrötenhaltung.

Mehr entdecken, mehr verstehen

DAS KOSMOS VERSPRECHEN

Expertenwissen seit 1822

Welches Thema dich auch begeistert – auf unsere Expertise kannst du dich verlassen. Und das schon seit über 200 Jahren.

Unser Anspruch ist es, dich mit wertvollem Rat zu begleiten, dich zu inspirieren und deinen Horizont zu erweitern.

BEGEISTERUNG DURCH KOMPETENZ

Unsere Autorinnen und Autoren vereinen professionelles Know-how mit großer Leidenschaft für ihre Themen.

WISSEN, DAS DICH WEITERBRINGT

Leicht verständlich, lebensnah und informativ für dich auf den Punkt gebracht.

SACHVERSTAND, DEN MAN SEHEN KANN

Mit aussagestarken Fotos, Zeichnungen und Grafiken werden Inhalte besonders anschaulich aufbereitet.

QUALITÄT FÜR HEUTE UND MORGEN

Dafür sorgen langlebige Verarbeitung und ressourcenschonende Produktion.

Du hast noch Fragen oder Anregungen?
Dann kontaktiere unsere Service-Hotline: 0711 25 29 58 70
Oder schreibe uns: kosmos.de/servicecenter

Schildkröten

auswählen und ein Freigehege bauen

Überlegungen vor dem Kauf

Verantwortung

Bevor du dich entscheidest, eine Landschildkröte bei dir aufzunehmen, solltest du dir einige Gedanken machen. Dieses Buch hilft dir hoffentlich dabei, die Überlegungen vor dem Kauf durchzuspielen und dich auf eine artgerechte Haltung vorzubereiten. Es wird dich bei deiner Planung und Ausführung begleiten.
Der wichtigste Punkt beim Einzug eines jeden Tieres ist die Verpflichtung diesem gegenüber. Bist du bereit, diese einzugehen und dir der großen Verantwortung bewusst, ist es meiner Meinung nach eines der schönsten Hobbys und wird dir, als neuer Schildkrötenbesitzer, viel Freude bereiten. Eine Landschildkröte begleitet einen Menschen in der Regel sein Leben lang, da sie 100 Jahre alt werden kann. Deshalb solltest du dir gut überlegen, ob du einem Tier über so einen langen Zeitraum ein Zuhause bieten kannst und möchtest. Auch für Urlaubszeiten, in denen du verreist, solltest du dich am besten schon vor dem Kauf um eine Betreuung kümmern.

Mein Tipp

Suche dir frühzeitig jemanden, der deine Schildkröten versorgt, wenn du im Urlaub bist.

Platz für ein Freigehege

Eine Voraussetzung für eine artgerechte Schildkrötenhaltung ist ein Garten. Europäische Landschildkröten brauchen ein Freigehege, in dem sie ihr Leben verbringen können.
Von einer Terrarienhaltung ist unbedingt abzusehen. Landschildkröten brauchen das UV-Licht der Sonne, um gesund wachsen zu können. Außerdem sind die wechselnden Tag- und Nachttemperaturen sehr wichtig für einen natürlichen Aktivitätszyklus.

Morgensonne

Wenn du ein Gehege in deinen Garten integrieren möchtest, richtest du es möglichst nach Südosten aus, sodass es bereits nach Sonnenaufgang beschienen wird und über den ganzen Tag in der Sonne liegt. Vor allem die Morgensonne ist für die wechselwarmen Tiere wichtig, um ihre Vorzugstemperatur schnell erreichen zu können. Diese liegt zwischen 26 und 30 °C. Je mehr Sonne sie am Tag genießen, umso aktiver werden die Landschildkröten in ihrem Freigehege.
Da in Deutschland im Frühjahr und Herbst die Sonne zu wenig scheint und es oft zu nass ist, solltest du ein passendes Frühbeet oder Gewächshaus mit Technik einrichten, damit die Landschildkröten in diesen Zeiten optimal gehalten werden können. Um die Technik zu installieren, benötigst du einen Stromanschluss im Garten. Da dies alles mit Kosten verbunden ist, sollte man sich eine Einkaufsliste mit Zubehör und Materialien anlegen.

Eine Landschildkröte begleitet dich dein ganzes Leben.

Was sonst noch zu beachten ist

Kosten

Diese Anschaffungskosten sind neben den Kosten für die Landschildkröte selbst nicht zu unterschätzen. Der untenstehenden Tabelle kannst du entnehmen, welche Kosten ungefähr auf dich zukommen werden. Insgesamt musst du also damit rechnen, dass du zu Beginn circa 600 Euro investierst, um eine Landschildkröte artgerecht in einem Freigehege mit Frühbeet und Technik halten zu können. Wer handwerklich geschickt ist, kann ein Frühbeet oder ein Schlafhaus sicher auch kostengünstig selbst bauen. Dazu gibt es sehr schöne Anleitungen im Internet.

Tierarzt

Vor dem eigentlichen Kauf der Landschildkröte ist es ratsam, sich einen reptilienerfahrenen Tierarzt zu suchen, der Landschildkröten behandelt. Im besten Fall praktiziert dieser in deiner Nähe und steht dir im Ernstfall mit Rat und Tat zur Seite. Auch für die jährliche Kotuntersuchung auf Parasiten benötigst du einen erfahrenen Tierarzt, falls entwurmt werden muss. Wenn du keinen passenden Ansprechpartner findest, gibt es auch die Möglichkeit, auf der Seite des DGHT e. V. nachzusehen oder Schildkrötenforen zu besuchen und dort nachzufragen.

Kosten im Überblick

Anschaffung	Kosten
Landschildkröte	80 - 100 Euro
Frühbeet/Gewächshaus	ab 200 Euro
Umrandung Gehege	ab 100 Euro
Technik	ca. 100 Euro
Schlafhaus	ca. 50 Euro
Wasserschalen	ca. 20 Euro
Versteck- und Futterpflanzen	ca. 50 Euro

Landschildkröten im Gehege zu beobachten, macht Spaß und entspannt.

Manche Landschildkröten genießen ihre Krauleinheiten.

Beobachten statt Kuscheln

Landschildkröten sind keine Kuscheltiere und sollten auch nicht als solche behandelt werden. Sie mögen es nicht, ständig hochgenommen zu werden. Nur zur wöchentlichen Gesundheitskontrolle untersuchst du die Schildkröte gründlich. Wie diese aussehen kann, wird auf Seite 78 und 79 erklärt.

Wenn du ein naturnahes Gehege gestaltest, wirst du auch ohne Kuscheleinheiten viel Freude an den Tieren haben, da du sie wunderbar beobachten kannst. Ihre ruhige Art, durch das Gehege zu streifen, Futter zu suchen oder in der Sonne zu liegen, werden dich faszinieren und dir so manche Gelegenheit geben, selbst zur Ruhe zu kommen.

Da auch Schildkröten ganz unterschiedliche Charaktere aufweisen, weiß man vorher nicht, wie sich die Bindung zwischen Tier und Mensch entwickeln wird. Auf der einen Seite kann es gut sein, dass eine Landschildkröte den Menschen nur im Gehege aufsucht, um an Futter zu gelangen. Auf der anderen Seite gibt es aber auch Landschildkröten, die sich von dir am Hals kraulen lassen möchten.

Do!

- Beobachte die Tiere.
- Halte sie im Garten.
- Verwende die notwendige Technik.

Wo bekomme ich Landschildkröten?

Einen Züchter finden

Der beste Weg, eine europäische Landschildkröte zu erwerben, ist, wenn du dir einen seriösen Züchter suchst, bei dem du dir die Herkunft der Tiere auch persönlich ansehen kannst. Um diesen zu finden, benötigst du Zeit und musst auch eventuell eine längere Anfahrt in Kauf nehmen. Im Internet kann man in vielen Schildkrötenforen nach Züchtern fragen. Wenn du einen Züchter ausgewählt hast, vereinbarst du ein Treffen mit diesem. Bei einem persönlichen Gespräch wird der Züchter dir sein Gehege und seinen Bestand an Schildkröten zeigen, viele Tipps zur Haltung und Gehegegestaltung geben und die zu verkaufenden Tiere vorstellen. Dabei solltest du darauf achten, dass du Nachzuchten kaufst, die artgerecht leben und bereits einmal gestarrt haben. Tiere, die auch nur zeitweise im Terrarium gelebt haben, wachsen zu schnell und werden schneller krank. Der Erwerb der Schildkröten sollte am besten zwischen April und August liegen, da dann alle Tiere aktiv sind, fressen und die (erste) Winterstarre gut überstanden haben. Toll wäre es, wenn der Züchter auch nach dem Erwerb der Landschildkröten für dich erreichbar ist.
Vom Kauf einer europäischen Landschildkröte im Herbst oder Winter rate ich ab, da die Tiere durch die fallenden Umgebungstemperaturen weniger aktiv sind oder sich sogar schon in der Winterstarre befinden.

Mein Tipp

Wer keine jungen Schildkröten halten möchte, hat die Möglichkeit, sich an eine der vielen Auffangstationen oder an ein Tierheim zu wenden. Dort warten viele Landschildkröten auf ein neues artgerechtes Zuhause!

Finde einen Züchter, der die Landschildkröten artgerecht hält und dir zur Seite steht.

Do!

- **Suche dir einen seriösen Züchter.**
- **Kaufe die Tiere nach der ersten Winterstarre.**
- **Übernimm die Tiere zwischen April und August.**

Lieber alleine oder zusammen?

Ob du dir eine oder mehrere Landschildkröten kaufen möchtest, bleibt dir überlassen. Damit du eine sinnvolle Entscheidung fällen kannst, helfen dir diese Hintergründe: Im natürlichen Habitat begegnen sich die ausgewachsenen Tiere eher selten. Oft sind dies zufällige Begegnungen, oder sie treffen aufeinander, um sich zu paaren. Dennoch haben sie immer wieder Kontakte untereinander und kennen sich.
Die Nachzuchten hingegen leben in der Anfangszeit auch im natürlichen Habitat zusammen, indem sie versteckt und geschützt vor Feinden im Dickicht, in der Nähe der Eigrube, Unterschlupf suchen.

Gruppenzusammensetzung

Viele Züchter raten dem Schildkrötenhalter beim Kauf der Nachzuchten dazu, diese zu zweit zu halten. Sei dir bewusst, dass es auch ein Männchen und ein Weibchen sein kann, da man das Geschlecht erst ab ca. 300 g mit dem bloßen Auge erkennen kann. Bei einem Männchen und einem Weibchen ist das Geschlechterverhältnis ungünstig, sodass du entweder weitere Weibchen dazukaufen oder das Gehege in zwei getrennte Bereiche unterteilen müsstest. Wenn du mehrere Tiere halten möchtest, ist es sinnvoll, die Landschildkröten von verschiedenen Elterntieren zu kaufen, um Inzucht zu vermeiden.
Die Schlüpflinge und adulten Tiere leben jeweils eigenständig harmonisch in Gruppen zusammen, so lange das Geschlechterverhältnis und der Platz stimmen. Das Verhältnis sollte 1:2 oder 1:3 sein, sodass auf ein Männchen zwei bis drei Weibchen kommen. Wenn du den Landschildkröten dann noch ein großes Gehege bieten kannst, in dem sie sich aus dem Weg gehen können, klappt die Gruppenhaltung meistens sehr gut.

Die Nachzuchten leben die erste Zeit gemeinsam im Dickicht in der Nähe ihrer Eigrube.

Sie unternehmen kurze Ausflüge, um Nahrung zu suchen, leben aber ansonsten sehr versteckt.

> Eine Gruppe von Weibchen lebt harmonisch in einem Gehege zusammen.

^ Gemischte Gruppen müssen viel Platz haben, um sich aus dem Weg gehen zu können.

> Auch die Gruppenkonstellation von einem Männchen mit mehreren Weibchen kann eine gute Lösung sein.

Aus dem Tierheim

Möchtest du einer adulten Schildkröte aus einer der zahlreichen Tierauffangstationen oder aus einem Tierheim ein Zuhause schenken, ist das Geschlecht ausschlaggebend. Je nach Tier musst du dir überlegen, ob du es besser allein, zu zweit oder in einer Gruppe halten möchtest.

Männchen, die jahrelang alleine gehalten wurden, sind oft sehr schwer zu sozialisieren, und eine Zusammenführung mit einem anderen Männchen funktioniert in der Regel nicht. Da das Männchen auch alleine ein glückliches Leben führen kann, sollte man dieses lieber weiter einzeln halten.

Weibchen Wenn du ein Weibchen übernimmst, kann es auch mit mehreren Weibchen zusammenleben, da sich diese gut miteinander vergesellschaften lassen. Sie ignorieren sich weitgehend, anstatt sich zu bekämpfen.

Gruppe Eine weitere Möglichkeit ist es, eine Gruppe zu übernehmen, wobei ein Verhältnis von einem Männchen und mindestens zwei, besser drei Weibchen ratsam ist. Ansonsten werden die Weibchen zu sehr vom Männchen bedrängt und im schlimmsten Fall verletzt. Für eine Gruppe muss ausreichend Platz vorhanden sein, damit sich die Tiere aus dem Weg gehen können und nicht ständig aufeinandertreffen. Außerdem kann es passieren, dass ein Männchen nur an einem Weibchen interessiert ist und sie trotzdem getrennt werden müssen, da das Weibchen sonst sehr leidet.

Mein Tipp

Wenn du bereits Landschildkröten hältst, achte darauf, die Neuankömmlinge eine Zeit lang in Quarantäne zu halten, um eine Ansteckung mit Krankheitserregern und/ oder Parasiten im eigenen Bestand zu vermeiden.

Do!

Achte in einer Gruppe auf ein Geschlechterverhältnis von 1:2 oder besser 1:3 (m:w).

Tierarzt-Check für Neulinge

Die neue Landschildkröte sollte auf keinen Fall zu bereits vorhandenen Tieren gesetzt werden, denn das kann böse enden. Da es tödliche Schildkrötenkrankheiten gibt, ist es sinnvoll, den Tierarzt nach geeigneten Methoden zu fragen, um das neue Tier auf Krankheiten zu testen. Bis dahin werden die Schildkröten strikt getrennt gehalten. Die bekanntesten Krankheiten sind Herpes und Mykoplasmen, die jeder Halter fürchtet.

Landschildkröten und andere Tiere

Du solltest deine Landschildkröten nicht mit anderen Tierarten wie beispielsweise Kaninchen oder Meerschweinchen zusammen halten. Jede Tierart braucht ihr eigenes Gehege. Eine Durchmischung kann dazu führen, dass sich Krankheiten übertragen. Außerdem bedeutet es für beide Tierarten Stress, mit einer unbekannten Art zusammenzuleben und kann zu bösen Verletzungen führen.

Artenschutz und EU-Bescheinigung

→ Alle Europäischen Landschildkröten unterliegen dem Washingtoner Artenschutzabkommen, das in zwei Kategorien unterteilt ist: „streng geschützte Arten" (Anhang A) und „besonders geschützte Arten" (Anhang B). Alle im Anhang A aufgeführten Europäischen Landschildkröten unterliegen einer Kennzeichnungs- und Meldepflicht. Dazu gehört auch die Griechische Landschildkröte.

EU-Bescheinigung

Alle streng geschützten Landschildkröten, die verkauft werden, müssen eine gelbe EU-Bescheinigung besitzen. Achte beim Kauf unbedingt darauf, dass du dieses wichtige Dokument erhältst. Damit kannst du bei einer Kontrolle durch deine Behörde vorweisen, dass die Landschildkröte dir gehört, da sie eindeutig zugewiesen werden kann.

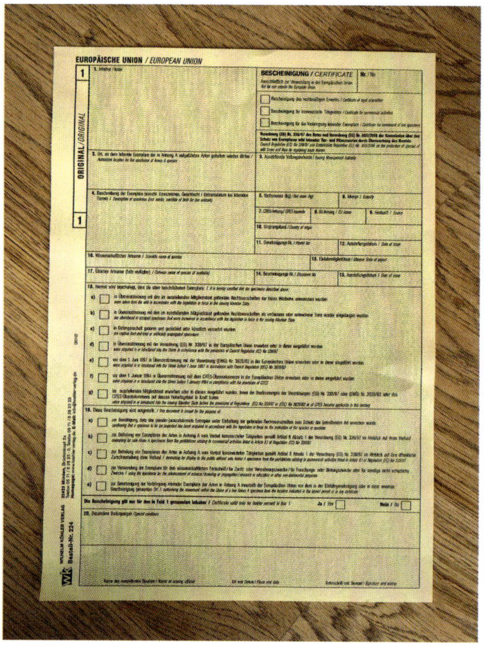

Diese gelbe EU-Bescheinigung musst du von deinem Züchter für deine Schildkröte erhalten.

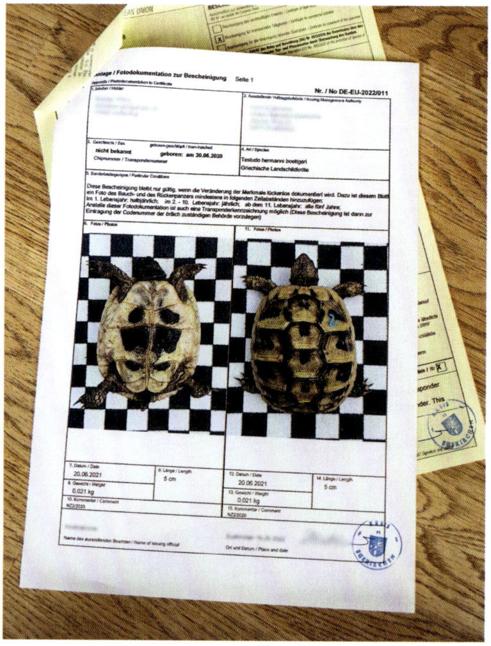

Die Fotodokumentation dient als Personalausweis und wird in regelmäßigen Abständen erweitert.

Jede Schildkröte hat individuelle Panzermerkmale, an denen man sie eindeutig identifizieren kann.

Fotodokumentation

Jede Landschildkröte kann an ihrer einzigartigen Zeichnung des Panzers ein Leben lang erkannt werden. Daher werden diese Merkmale in einer Fotodokumentation festgehalten, sozusagen der Personalausweis der Schildkröte. Das erste Foto des Rücken- und Bauchpanzers wird vom Züchter selbst gemacht und der gelben EU-Bescheinigung angehängt, die er für jede Nachzucht beantragt hat. Durch die Fortführung der Fotodokumentation erfüllst du die Kennzeichnungspflicht der streng geschützten Arten wie der Griechischen Landschildkröte. Dazu musst du, in von der Behörde vorgegebenen Abständen, die Fotos erneuern und der EU-Bescheinigung anheften. Diese Bilder sind im ersten Lebensjahr halbjährlich, im zweiten bis zehnten Lebensjahr jährlich und ab dem elften Lebensjahr alle fünf Jahre anzufertigen. Dafür machst du am besten je ein Foto des Rücken- und des Bauchpanzers auf einer Unterlage mit 1 cm Kästchengröße. Damit deine Schildkröte stillhält, fotografierst du sie an einem kühlen Tag, dann ist sie nicht so agil. Lege sie kurz auf einen Kronkorken oder eine Tesafilmrolle. Ich erweitere die Fotodokumentation immer vor der Winterstarre.

Meldepflicht

Der Züchter verpflichtet sich beim Verkauf einer Landschildkröte, diese aus seinem Bestand bei der Behörde abzumelden. Du als Käufer wiederum musst die Landschildkröte nach dem Kauf bei deiner dafür zuständigen Behörde melden (beispielsweise bei der Unteren Landschaftsbehörde), indem du die EU-Bescheinigung vorlegst. Meistens reicht es, eine Kopie der Bescheinigung einzureichen, das Erwerbsdatum der Landschildkröte zu nennen und die neue Adresse mitzuteilen.

Mein Tipp

Hier findest du deine Behörde: https://www.ig-schildkroetenschutz.net/meldebehoerden/

Übersicht der Arten

Die Europäischen Landschildkröten gliedert man in vier Arten:

- Griechische Landschildkröte
  Testudo hermanni
- Maurische Landschildkröte
  Testudo graeca
- Breitrandschildkröte
  Testudo marginata
- Vierzehenschildkröte
  Testudo horsfieldii

Griechische Landschildkröte

Die Griechische Landschildkröte gliedert sich in zwei Unterarten: die östliche (*Testudo hermanni boettgeri*) und die westliche (*Testudo hermanni hermanni*). In diesem Buch wird anhand von *Testudo hermanni boettgeri* die naturnahe Haltung beschrieben. Sie ist die vermutlich am häufigsten gehaltene Art in Deutschland und für Schildkrötenanfänger gut geeignet. Da es noch viele andere Landschildkrötenarten gibt, deren Haltung jedoch von der hier beschriebenen abweicht, wird auf diese Arten nicht näher eingegangen. Dennoch ist es sinnvoll, sich vor dem Kauf mit der gewünschten Landschildkrötenart durch ausreichende Literatur näher zu beschäftigen.

Die östliche Unterart der Griechischen Landschildkröte (Testudo hermanni boettgeri)

Die westliche Unterart der Griechischen Landschildkröte (Testudo hermanni hermanni)

Testudo hermanni boettgeri (Thb)

Aussehen Die östliche Art der Griechischen Landschildkröte (*Testudo hermanni boettgeri*) erkennt man an ihrem oliv-braunen, meist hoch gewölbten Panzer. Die Bänderung am Bauchpanzer ist fleckig, die Mittelnaht der Armschilder breiter als die der Beinschilder. Der Kopf der Thb hat eine bräunliche Farbe, und der Schwanz endet mit einem Hornnagel.
Größe und Gewicht Die Weibchen können bis zu 30 cm groß und ca. 1500 g - 2500 g schwer werden, die Männchen bis zu 22 cm groß und ca. 800 g - 2000 g wiegen.
Vorkommen Türkei, Kroatien, Griechenland, Bulgarien und Rumänien.

Testudo hermanni hermanni (Thh)

Aussehen Die westliche Unterart der Griechischen Landschildkröte erkennt man an einem sehr kontrastreich gefärbten gelb-schwarzen, ebenfalls hoch gewölbten Panzer. Ihr Bauchpanzer zeigt eine durchgehende schwarze Bänderung, die bei *Testudo hermanni boettgeri* fehlt. Die Mittelnaht der Armschilder ist schmaler als die der Beinschilder. Auf der Wange befindet sich oft ein gelber Fleck. Der Schwanz endet mit einem Hornnagel.
Größe und Gewicht Die Weibchen werden bis zu 20 cm groß und erreichen ein Gewicht von ca. 600 - 1200 g, die Männchen sind etwas kleiner, etwa 17 cm groß und wiegen zwischen ca. 400 g und 800 g.
Vorkommen Spanien, Südfrankreich, Italien. Mallorca, Korsika und Sardinien.

Maurische Landschildkröte
Testudo graeca

Aussehen Die Maurische Landschildkröte wird in viele verschiedene Unterarten unterteilt. In Deutschland wird meistens die Unterart *Testudo graeca ibera* gehalten. Der Panzer ist bei juvenilen Tieren dunkler braun gezeichnet und weist hellere Flecken auf. Die Bänderung am Bauchpanzer sieht verwaschen aus. Die erwachsenen Tiere haben einen dunklen Panzer, der meist einfarbig ist. Am Schwanz besitzen sie keinen Hornnagel.
Größe und Gewicht Adulte Tiere werden bis zu 30 cm groß und wiegen ca. 2 kg.
Vorkommen Griechenland, Türkei, Bulgarien und Rumänien.

In Deutschland halten die meisten Menschen die Unterart Testudo graeca ibera.

Die Breitrandschildkröte (Testudo marginata) erkennt man gut an ihren am Rand nach außen gewölbten Panzerschilden.

Breitrandschildkröte

Testudo marginata

Aussehen Die Schlüpflinge der Breitrandschildkröte sind sehr kontrastreich gefärbt. Wenn diese älter werden, wird der Panzer sehr dunkel und zeigt nur noch einige hellere ockerfarbene Flecken. Am Bauchpanzer erkennst du sie daran, dass die Flecken an Dreiecke erinnern. Ihre hinteren und vorderen Panzerschilde sind am Rand nach außen gewölbt, daher trägt sie ihren Namen.
Größe und Gewicht Über 30 cm, bis zu 8 kg.
Vorkommen Griechenland und auf Sardinien.

Vierzehenschildkröte

Testudo horsfieldii

Aussehen Die Vierzehenschildkröte hat einen auffallend kreisrunden, gelb-oliv gefärbten Panzer. Sie besitzt an jedem Vorderfuß nur vier Zehen, was ihr ihren Namen verleiht.
Größe und Gewicht Bis zu 25 cm und 2 kg.
Vorkommen Von Kasachstan bis Pakistan.

Die Vierzehenschildkröte trägt ihren Namen durch die Anzahl der Zehen am Vorderfuß.

Beim Weibchen erinnern die Analschilde an ein umgedrehtes Herz und es hat einen kurzen Schwanz.

Das Männchen erkennt man an den länglichen Analschilden und an einem langen Schwanz.

Die Geschlechter unterscheiden

Bei ausgewachsenen Europäischen Landschildkröten kann man das Geschlecht am besten an der Länge des Schwanzes und an der Form der Analschilde bestimmen.

Weibchen

Bei einem Weibchen ist der Schwanz kurz und gedrungen. Die Analschilde erinnern an ein auf den Kopf gestelltes Herz.

Männchen

Das Männchen hat einen längeren und schmaleren Schwanz. Die Analschilde sind lang gezogen und schmal und der Bauchpanzer ist etwas nach innen gewölbt, sodass das Männchen bei der Paarung auf das Weibchen aufreiten kann. Oft ist das Schwanzschild beim Männchen nach innen gebogen.

Erst ab 5 bis 6 Jahren möglich

Eine eindeutige Unterscheidung zwischen einem Schildkrötenweibchen und einem Männchen ist bei jungen Landschildkröten mit dem bloßen Auge nicht möglich.
Erst mit ca. 300 g lässt sich das Geschlecht bestimmen. Dieses Gewicht ist bei artgerecht gehaltenen Tieren meist zwischen dem 5. und 6. Lebensjahr erreicht. Es gibt natürlich auch frühreife Tiere, die sich schon eher enttarnen lassen, allerdings gibt es auch Schildkröten, bei denen du erst mit einem höheren Gewicht das eindeutige Geschlecht bestimmen kannst. Meistens kann man die Männchen schneller bestimmen, da sie früher einen ausgeprägten Schwanz aufweisen und schon erste Paarungsversuche unternehmen. Falls du dir nicht sicher bist, frage einen erfahrener Züchter, der dir bestimmt gern weiterhelfen wird!

für Kids

Deine Schildkröte

aussuchen

Füttern

Beobachten

Aussuchen

Einfach erklärt! Beim Schreiben dieses Buches war es mir sehr wichtig, dass auch DU viel über die Landschildkröte erfahren kannst. Sicher findest du dieses Tier sehr toll und hättest es gerne als Haustier. Deshalb bitte ich dich, lies die Seiten für Kids zuerst in Ruhe durch und entscheide dich dann, ob sie das richtige Haustier für dich ist.

Landschildkröten als Familienmitglied

Kein Kuscheltier
Schildkröten sind, anders als ein Hund oder eine Katze, keine Tiere, die gerne gekuschelt werden. Wenn du dich für eine Schildkröte entscheidest, kannst du sie jeden Tag beobachten und füttern. Sie möchte aber nicht ständig auf die Hand genommen werden, das macht ihr Angst. Du solltest sie also nur hochnehmen, um zu sehen, ob sie gesund ist. Lass dir von deinen Eltern helfen! Denn, auch wenn der Panzer sich sehr hart anfühlt: Wenn sie hinfällt, kann sie sich schwer verletzen.

Schildkröten werden alt
Eine Landschildkröte wird sehr alt und möchte ihr ganzes Leben von dir versorgt werden. Deshalb solltest du dir gut überlegen, ob du dich auch noch nach vielen Jahren um sie kümmern möchtest. Wenn du dir das vorstellen kannst, musst du mit deinen Eltern einen Züchter suchen, der Schildkrötenbabys verkauft, oder eine Landschildkröte in einem Tierheim aussuchen. Erst wenn ihr das Gehege im Garten fertig gebaut habt, könnt ihr sie abholen. Wie du das machst, erfährst du auf den folgenden Seiten.

Männchen oder Weibchen?
Bei einem Weibchen der Landschildkröte ist der Schwanz kurz. Die Schilde am Schwanz erinnern an ein umgedrehtes Herz.
Das Männchen hat einen längeren und schmaleren Schwanz, und die Schilde am Schwanz sind länglich und schmal.

Don't

Deine Schildkröte ist kein Spielzeug

Freigehege naturnah gestalten

⟶ Alle der hier vorgestellten Arten werden im Freigehege gehalten, sofern sie gesund sind. Hier bekommst du Anregungen, wie du ein artgerechtes Freigehege mit etwas Aufwand wunderbar selbst gestalten kannst.

Der Standort

Dein Gehege sollte möglichst nach Südosten ausgerichtet sein, bereits morgens von der Sonne beschienen werden und möglichst viele Stunden am Tag in der Sonne liegen. Hier gilt: je mehr, umso besser! Denn die Sonne kann man kaum durch eine Lampe ersetzen.
Die wechselwarmen Tiere benötigen gerade die Morgensonne, um ihre Vorzugstemperatur von ca. 30 °C schnell zu erreichen. Wechselwarm bedeutet, dass ihre Körpertemperatur von der Umgebungstemperatur abhängig ist. Daher ist es sinnvoll, wenn das Frühbeet oder das Gewächshaus bereits ab Sonnenaufgang beschienen und somit erwärmt wird. So können die Schildkröten sich früh am Tag aufwärmen und ihren Stoffwechsel in Gang bringen. Um im Hochsommer für ausreichend Beschattung zu sorgen, kannst du einige größere Büsche anpflanzen oder Höhlen bauen. So schützt du deine Tiere an heißen Sommertagen.

Größe des Geheges

Um die endgültige Quadratmeterzahl eines Geheges zu planen, muss man sich immer der Größe der Tiere bewusst sein, die sie einmal erreichen werden.
Nachzuchten benötigen in den ersten ein bis zwei Jahren eine Grundfläche von ca. 2 m². Hinzu kommt das Frühbeet mit 1 - 2 m². Dieser

Ein sonniger Standort für das Gewächshaus oder Frühbeet ist entscheidend, wie aktiv deine Tiere später sind.

Je mehr Platz du deinen Tieren bieten kannst, umso wohler fühlen sie sich.

Wurzeln geben dem Gehege Struktur und dienen den Schildkröten als Sichtschutz.

Höhlen sind schöne Verstecke und dienen im Sommer als Schattenplatz.

Platz reicht aus, um ein naturnahes Minigehege zu gestalten und gleichzeitig die Schildkröten jederzeit wiederzufinden. Je älter die Schildkröten werden, desto mehr Platz benötigen sie. Ich denke, dass pro ausgewachsener Landschildkröte 10 m^2 und für jede weitere 5 m^2 zur Verfügung stehen sollten. Wenn die Tiere sich in ihrem Gehege selbst versorgen, ist die doppelte Größe pro Schildkröte sinnvoll.

Strukturierung des Geheges

Neben der eigentlichen Größe des Geheges ist dessen Strukturierung entscheidend. Dabei gestaltest du einen möglichst naturnahen Lebensraum für die Schildkröten. Du säst oder pflanzt möglichst viele verschiedene Pflanzen im Gehege, sowohl Versteck- als auch Futterpflanzen. Beide werden im Folgenden näher beschrieben. Aber auch Steine, Wurzeln und verschiedene Höhlen bringen Abwechslung ins Freigehege und helfen deinen Tieren, ungestört zu sein. Vor allem in der Paarungszeit sind die Weibchen froh, wenn sie sich zurückziehen können und nicht ständig von den Männchen bedrängt werden.

Gefahren

Greifvögel, Marder, Waschbären oder Ratten sind Feinde der Landschildkröten und können ihnen gefährlich werden. Mein Gewächshaus und Frühbeet sind von unten mit Betonplatten und Kaninchendraht gesichert, sodass keine Tiere eindringen können. Dabei ist es wichtig, den Kaninchendraht 30 - 40 cm tief in die Erde einzulassen, sodass keine Verletzungsgefahr beim Buddeln besteht. Auch die Türen, mit denen du das Gewächshaus oder das Frühbeet verschließt, sollten stabil und sicher sein. Hier empfehle ich Siebdruckplatten, die wesentlich langlebiger sind als Holz. Von oben kannst du das Gehege leicht mit einem Netz gegen Greifvögel oder Katzen sichern. Dies ist vor allem bei kleineren Schildkröten sinnvoll und wichtig. Abends sollten alle Schildkröten im Frühbeet oder Gewächshaus eingesperrt werden, sodass sie nachts in Sicherheit sind.

Mein Tipp

Meiner Meinung nach sollte eine Landschildkröte in ihrem Freigehege nicht weiter als 50 cm sehen können, bis das nächste Hindernis auftaucht. So fühlt sie sich sicher und geschützt.

Möglichkeiten der Begrenzung

⟶ Wenn du dir Gedanken um die Begrenzung deines Geheges machst, wirst du auf verschiedene Lösungen stoßen, die alle Vor- und Nachteile bieten.

Worauf du achten solltest

Wichtig ist, dass deine Begrenzung nicht durchsichtig ist, denn sonst werden die Schildkröten ständig versuchen, auf die andere Seite zu gelangen und das Gehege nicht als ihren Lebensraum annehmen.
Die Gehegeumrandung baust du so hoch, dass zwei aufeinanderkletternde Schildkröten nicht ausbrechen können. Sie sind Ausbruchskünstler und können auch Höhen von bis zu 40 cm überwinden. Deshalb würde ich die Gehegeumrandung mindestens 50 cm hoch bauen. Wenn deine Begrenzung niedriger ist, bietet es sich an, ein Brett nach innen ragend auf die Umrandung zu legen, sodass die Schildkröte nicht darüberklettern kann oder sich verletzt. Die Gehegeumrandung sollte an der Innenseite zudem frei von Wurzeln, Steinen oder Büschen sein, sodass die Landschildkröten keine Möglichkeit haben, diese als Kletterhilfe zu verwenden.

Holz

Es gibt viele Möglichkeiten, ein neues Freigehege zu begrenzen. Ich stelle dir hier vier Ideen vor. Viele nehmen zu Beginn Holzlatten, da sich diese schnell aufbauen und beliebig erweitern lassen. Vor allem für Nachzuchten bietet Holz eine gute Möglichkeit, kostengünstig und zeitsparend eine Gehegeumrandung zu bauen. Da Holz jedoch im Lauf der Jahre verwittert, musst du dir darüber im Klaren sein, dass dies eine zeitlich begrenzte Lösung ist.

Landschildkröten sind wahre Ausbruchskünstler. Die Umrandung sollte mindestens 50 cm hoch sein.

Das nach innen ragende Brett sorgt dafür, dass die Schildkröte nicht darüberklettern kann.

Pflanzsteine gibt es in vielen Farben und Formen. Sie sind eine tolle Gehegeumrandung.

Trockenmauern eignen sich sehr gut als Umrandung. Sie müssen solide gebaut sein.

Die Gehegeumrandung meiner Freundin zeigt, welch vielfältige Möglichkeiten es gibt.

Pflanzsteine

Pflanzsteine gibt es in verschiedenen Formen, Farben und Größen. Man kann sie entweder als lose Mauer übereinandersetzen oder mit Beton fixieren. Ich habe beim Bau meiner Umrandung auch Pflanzsteine verwendet, bin seit Jahren sehr zufrieden und würde sie jederzeit wieder verwenden. Die Farbe meiner Pflanzsteine gibt dem Gehege ein mediterranes Flair. Je nach Gehegegröße sind Pflanzsteine zwar um einiges teurer als Holz, doch dafür auch deutlich länger haltbar. Wenn du das Gehege erweitern willst, kannst du das mit einer Mauer aus Pflanzsteinen jederzeit tun.
Ein weiterer Vorteil ist, dass du sie wunderbar mit Futterpflanzen bepflanzen kannst, sodass du immer genügend frisches Futter zur Verfügung hast. Außerdem lassen sich leicht kleine Bänke einbauen, die dir als Sitzplatz dienen.

Trockensteinmauer

Eine weitere Möglichkeit ist die Begrenzung durch eine Trockensteinmauer. Das ist wohl die natürlichste Umrandungsform und sieht auch wunderschön aus. Dabei ist darauf zu achten, dass alle Steine fest sitzen und keine Gefahr für die Schildkröten droht. Außerdem dürfen die Steine nicht als Kletterhilfe dienen, sodass die Landschildkröten entwischen können.

Zaun

Man kann das Gehege auch umzäunen, wobei der untere Bereich blickdicht sein muss. Wenn du einen Zaun setzen möchtest, solltest du bedenken, dass die Gehegeumrandung später nicht ohne Weiteres geändert werden kann. Plane daher die endgültige Größe deines Geheges ein. Außerdem bieten Zäune oft ein leicht überwindbares Hindernis für die Schildkröten, da sie einfach darüberklettern. Als Alternative finde ich eine kleine Mauer mit einem Zaun eine gute Idee.

Einrichtung des Geheges

Bodensubstrat

Zunächst wird die Grasnarbe im Gehege abgetragen. Wenn du möchtest, kannst du einzelne Grasbüschel stehen lassen. Diese dienen im Sommer als Versteck, Schutz vor der Sonne und halten die Feuchtigkeit sehr gut. So entsteht ein feuchtes Mikroklima, das für ein glattes Panzerwachstum förderlich ist. Meine Schildkröten lieben diese Büschel!

Geeignetes Bodensubstrat Du verteilst ein Gemisch aus Kalksteinschotter und Erde im Freigehege und trittst dieses fest. Kalksteine kann man entweder im Baumarkt kaufen oder in einem nahe gelegenen Steinbruch besorgen. Bei einem großen Gehege lohnt es sich, zum Steinbruch zu fahren und Steine mit einer Körnung von 0 – 32 mm zu kaufen. Auch größere Steine kann man dort erwerben. Diese Steinflächen trocknen bei Regen schnell ab und erwärmen sich durch die Sonne. Das genießen die Schildkröten und liegen oft dort, um sich auszuruhen. Durch das Gemisch von Erde und Kalkstein können Futterpflanzen optimal dazwischen wachsen.

Wasserstellen

Im gesamten Gehege baust du verschiedene Wasserstellen auf, um den Landschildkröten auch an warmen Tagen die Möglichkeit zu geben, ausreichend zu trinken oder zu baden. Gut geeignet sind glasierte Ton- oder Kunststoffuntersetzer, die leicht zu reinigen sind und die es in unterschiedlichen Größen und Tiefen zu kaufen gibt. Bei der Auswahl solltest du darauf achten, dass die kleinste Schildkröte gut darin stehen kann. Gerne baden die Landschildkröten auch in ihrer Wasserstelle, daher sollte diese einen relativ großen Durchmesser haben. Bei Nachzuchten ist es sinnvoll, Steine in die Wasserschalen zu legen, um Unfälle zu vermeiden, beispielsweise wenn mal eine auf den Rücken fällt. So kann sich die Schildkröte jederzeit eigenständig umdrehen, indem sie mit ihren Krallen an den Steinen Halt findet. Ein- und Ausstieg der Wasserschalen sollten möglichst flach sein, damit die Schildkröte gut hinein- und herausklettern kann. Dazu gräbt man die Wasserschale ein wenig in die Erde ein und versieht sie am Rand mit Steinen. Viele Schildkrötenbesitzer bauen auch Bachläufe oder eigene Wasserstellen.

Höhlen

Damit die Landschildkröten sich verstecken oder in Ruhe schlafen können, bieten sich verschiedene Höhlen an. Gerade die Sommersonne sorgt dafür, dass die Schildkröten sich gerne an kühlere Orte zurückziehen. Dazu können zum Beispiel Tontöpfe dienen, die man entweder ganz oder in der Mitte halbiert im Gehege verteilt. Wenn du handwerklich geschickt bist, kannst du auch aus Beton und Steinen verschiedene Höhlen bauen. Wichtig ist dabei, dass sie keine Gefahr für die Tiere darstellen, indem sie einstürzen könnten.

< Der Gehegeboden sollte ein Gemisch aus Erde und Kalksteinen sein.

∨ Es gibt zahlreiche Möglichkeiten, den Landschildkröten Wasser anzubieten. Wichtig sind gut zu reinigende Gefäße.

∧ Auch selbst gestaltete Wasserstellen werden von den Schildkröten gerne angenommen.

> Höhlen aus halbierten Tontöpfen dienen den Schildkröten als schattenspendender Ruheplatz.

> Schildkröten lieben die Wärme der Steine und sonnen sich gerne auf ihnen.

∨ Wurzeln strukturieren das Gehege und dienen als Sichtschutz für die Schildkröten.

∧ Einen Eiablagehügel solltest du ab einem Gewicht deiner Schildkrötenweibchen von ca. 500 g anlegen.

< Baue einen schönen Beobachtungsplatz für dich, sodass du deine Tiere jederzeit im Blick hast.

Steine

Neben dem Bodengrund aus Kalksteinschotter solltest du größere Steine im Gehege verteilen und kleinere Mauern oder Begrenzungen mit verschiedenen Steinen bauen. Dies wirkt natürlich und hindert die Schildkröten gleichzeitig daran, Artgenossen ständig zu verfolgen, da sie keinen direkten Sichtkontakt zu ihnen haben.

Wurzeln

Um das Gehege noch weiter zu strukturieren, kannst du Korkröhren, Holzstämme oder Wurzeln verteilen. Sprich einfach den Förster aus der Gegend darauf an und frage ihn, ob du Wurzeln oder Totholz aus dem Wald nehmen darfst. Vielleicht gibt es auch einen Nachbarn, der seinen Baum fällt und das Holz loswerden möchte. So habe ich schon die eine oder andere Wurzel erhalten.

Eiablagehügel

Auch wenn deine Schildkröten vielleicht noch klein sind, kann es sehr gut sein, dass du ein Weibchen gekauft hast. Da Landschildkrötenweibchen ab der Geschlechtsreife mehrmals im Jahr Eier legen, solltest du auch einen Platz zur Eiablage einplanen. Dazu legt man einen Hügel an, wenn dein Schildkrötenweibchen ein Gewicht von ca. 500 g erreicht hat. Sie legen auch ohne Männchen Eier ab, die dann jedoch unbefruchtet sind. Wenn du keinen geeigneten Legehügel anbietest, kann es passieren, dass es zu einer lebensbedrohlichen Legenot kommt, da sie keine Möglichkeit hat, ihre Eier abzulegen. Für den Eiablageplatz wählst du eine möglichst sonnige Stelle im Gehege aus und schüttest dort Erde auf, sodass eine leichte Hanglage entsteht, damit sich die Erde durch den günstigen Einstrahlwinkel schneller erwärmt. Den Hügel umrandest du mit dickeren Steinen und trittst die Erde schön fest. Wenn sie dir zu hart vorkommt, kannst du etwas Sand daruntermischen. Meine Tiere legen gerne in der Nähe von Pflanzen ihre Eier ab, sodass es sinnvoll ist, Gehegepflanzen auf dem Eiablagehügel einzugraben. Sie bieten den Tieren Schutz bei der Ablage, müssen aber regelmäßig geschnitten werden, damit der Hügel genug Sonnenlicht erhält.

Beobachtungsplatz für dich

Da deine Landschildkröten nicht mit dir kuscheln möchten, du sie aber gerne beobachtest, bietet es sich an, einen oder mehrere Plätze für dich zu schaffen. Ich habe mir dazu eine Sitzbank in meine Gehegeumrandung integriert, auf der ich sehr gern sitze. Diese Idee habe ich bei einer anderen Schildkrötenhalterin gesehen und fand es sehr ansprechend. Eine andere Möglichkeit wäre es, eine Bank ins Gehege zu stellen oder einen großen Baumstumpf als Sitz umzufunktionieren. Hier sind deiner Fantasie keine Grenzen gesetzt.

Mein Tipp

Als Schildkrötenhalter kann man viele Dinge fürs Gehege gebrauchen, die andere entsorgen. Halte Augen und Ohren offen. Halbe Tontöpfe sind für Höhlen oder Wurzeln als Verstecke sehr beliebt!

Versteckpflanzen

⟶ Damit deine Landschildkröten sich wohlfühlen, ist eine üppige Bepflanzung im Gehege wichtig. Versteckpflanzen strukturieren das Gehege und bieten Deckung, Schatten und Versteckmöglichkeiten. Mediterrane Kräuter wie Rosmarin und Salbei sind sehr robust und wachsen auch recht schnell.
Topfe alle Pflanzen nach dem Kauf um, und lass sie ein paar Wochen außerhalb des Geheges stehen, bis mögliche Pflanzenschutzreste verschwunden sind. Dann pflanzt du sie am besten in Dreiergruppen in dein Gehege. Dadurch wachsen sie dicht und buschig, und es bleiben gleichzeitig pflanzenfreie sonnige Bereiche im Gehege.

1 **Lavendel** ist eine gute Versteckpflanze im Gehege. Er bietet den Schildkröten lichte Schattenplätze. Außerdem stellt er für viele Insekten eine wertvolle Nahrungsquelle dar.

2 **Thymian** ist sehr robust. Du kannst ihn auch gut ins Frühbeet oder Gewächshaus pflanzen, da er mit trockener Erde und hohen Temperaturen gut zurechtkommt.

3 **Rosmarin** dient wunderbar als Versteckpflanze und spendet den Tieren im Sommer Schatten.

4 **Salbei** wächst schnell und blüht lila. Die Pflanzen werden von den Schildkröten gerne genutzt, um sich im Schatten auszuruhen.

5 **Minze** wird von den Schildkröten gerne angenommen. Sie wächst wie der Salbei sehr schnell und nimmt eine buschige Form an.

6 **Palmlilie** Die Palmlilie oder Yucca wird sehr groß und bildet eine lange Wurzel aus. Deshalb ist sie besser für größere Gehege geeignet. Meine Landschildkröten legen sehr gerne ihre Eier in der Nähe der Palmlilie ab oder entspannen an heißen Sommertagen im Schatten der Blätter.

7 **Currykraut** Das Currykraut wächst auch im natürlichen Habitat der griechischen Landschildkröte und dient als Schattenplatz.

8 **Fingerstrauch** Er eignet sich als optimale Versteckpflanze. Zwar wächst er langsam, sieht aber sehr attraktiv aus und blüht meist gelb oder orange. Mittlerweile gibt es auch andersfarbige Züchtungen. Der Fingerstrauch kommt auch im natürlichen Habitat vor.

9 **Frauenmantel** Sie ist eine tolle Versteckpflanze für kleinere Gehege, da diese Pflanze bodennah wächst.

10 **Funkie** Sie ist eine schöne Versteck- und Futterpflanze, die alle Schildkröten als Unterschlupf lieben.

11 **Taglilie** Die Taglilie bietet sich super als Versteckpflanze im Gehege an und bildet eine buschige Form. Die Blüten werden gerne gefressen. Da sie sehr groß wird, ist sie für größere Gehege geeignet.

12 **Wiesen-Storchschnabel** Der Wiesenstorchschnabel blüht lila und dient den Schildkröten als schattenspendende Versteckpflanze in kleineren Gehegen.

1

2

3

4

5

6

7

8

9

10

11

12

Ein Badeteich entsteht

Do!

Wähle eine geeignete Stelle im Gehege, sodass deine Tiere den Teich von allen Seiten nutzen.

Das brauchst du:

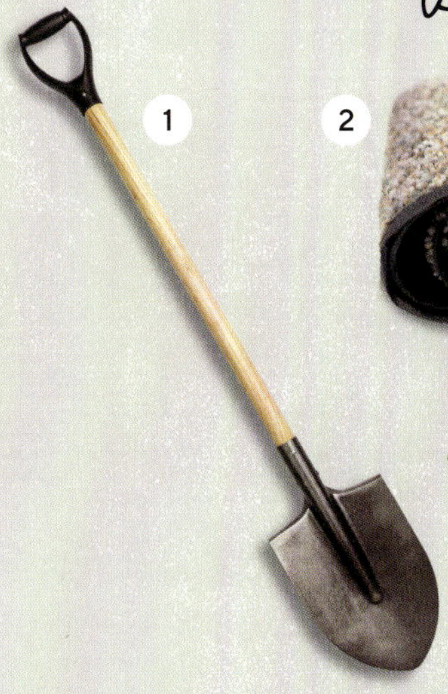

1. Schaufel/Spaten
2. Teichfolie mit Steinstruktur
3. größere Steine
4. Pflanzen

So wirds gemacht:

Loch graben Zunächst hebst du ein Loch aus. Es darf nur so tief sein, dass deine kleinste Schildkröte darin stehen kann. Beim Anlegen des Teiches sollte man außerdem darauf achten, dass dieser möglichst flach und der Ein- und Ausstieg für alle Schildkröten gut zu bewältigen ist.

Folie verlegen Danach nimmst du die Steinfolie, die du vorher besorgt hast, und legst den Teich damit aus. Dabei musst du darauf achten, dass die Folie etwas über das Loch ragt, sodass du sie fixieren kannst.

Befestigen und bepflanzen Zum Schluss befestigst du die Folie mit Steinen rund um den Teich und setzt, wenn du möchtest, noch ein paar Pflanzen um den Teich. Als Pflanzen eignen sich hier vor allem Steinpflanzen oder Gräser, wie der Blauschwingel.

Ankersteine Wenn du noch kleine Schildkröten hältst, ist es sinnvoll, dass du den Teich auch mit Steinen auslegst, damit die Schildkröte sich umdrehen kann, wenn sie auf den Rücken fällt.

Mit Wasser befüllen Am Ende befüllst du deinen neuen Teich mit Wasser. Fertig!

Frühbeet oder Gewächshaus

⟶ Da deine Landschildkröten wechselwarm sind, können sie ihre Körpertemperatur nicht selbst regulieren. Sie müssen sich sonnen, um sich aufzuwärmen bzw. Schatten aufsuchen, um sich abzukühlen. In unseren Breitengraden brauchen sie unterstützend eine Wärmelampe sowie ein Schutzhaus, damit sie in den kälteren Monaten nicht zu schnell auskühlen.

Was zu dir passt

Ob du ein Frühbeet oder Gewächshaus für deine Schildkröten baust oder kaufst, kannst du entscheiden. Ich möchte dir bei deiner Entscheidung helfen, indem ich einige Punkte beschreibe, die bei der Auswahl wichtig sind.

Frühbeet Für zwei bis drei adulte Schildkröten reicht ein im Handel erhältliches Frühbeet mit der Größe von ca. 1 x 1 m. Dabei achtest du darauf, dass die Plattenstärke der Wände mindestens 10 mm beträgt. So sparst du Strom, da du einen niedrigeren Verbrauch hast, wenn das Schutzhaus besser gedämmt ist. Am besten wäre ein Frühbeet mit 16 mm-Platten. Viele Firmen bieten zusätzlich Alltopplatten an, die UV-durchlässig sind.

Gewächshaus Hier solltest du ebenfalls auf eine Plattenstärke von mindestens 10 mm achten. Ein Gewächshaus bietet den Vorteil, dass die Schildkröten auch an regnerischen oder stürmischen Tagen genug Platz haben, um sich ausreichend zu bewegen. Vor allem im Frühjahr ist dies von Bedeutung, da es draußen oft noch zu kalt ist, um die Tiere ins Freigehege zu lassen. Wenn du im Schutzhaus der Tiere arbeitest, ist dies in einem Gewächshaus um ein Vielfaches leichter, da du dort ausreichend Bewegungsfreiheit hast.

Platzfrage Auch wenn das Gewächshaus gegenüber dem Frühbeet einige Vorteile bietet, solltest du abwägen, ob du genügend Platz dafür hast, mehrere Landschildkröten hältst und ob du das Geld dafür ausgeben möchtest.

< Ein Frühbeet bietet genügend Platz für zwei ausgewachsene Landschildkröten.

Ein Gewächshaus bietet den Schildkröten mehr Bewegungsfreiheit.

Inneneinrichtung Frühbeet

Grube ausheben Um dein Frühbeet aufzubauen, solltest du an der dafür ausgewählten Stelle die Grasnarbe und die Erde ca. 30 cm tief abtragen. Wenn deine Schildkröten auch im Frühbeet überwintern sollen, hebst du unter dem Frühbeet gleich eine Grube mit 60 - 80 cm Tiefe aus, damit sie sich bei Frost tief genug einbuddeln können und so geschützt sind. Wie diese Grube gebaut wird, erfährst du im Kapitel Winterstarre Seite 84.

Ein Fundament aus Schalsteinen mit Beton bietet sich sowohl für ein Frühbeet als auch fürs Gewächshaus an.

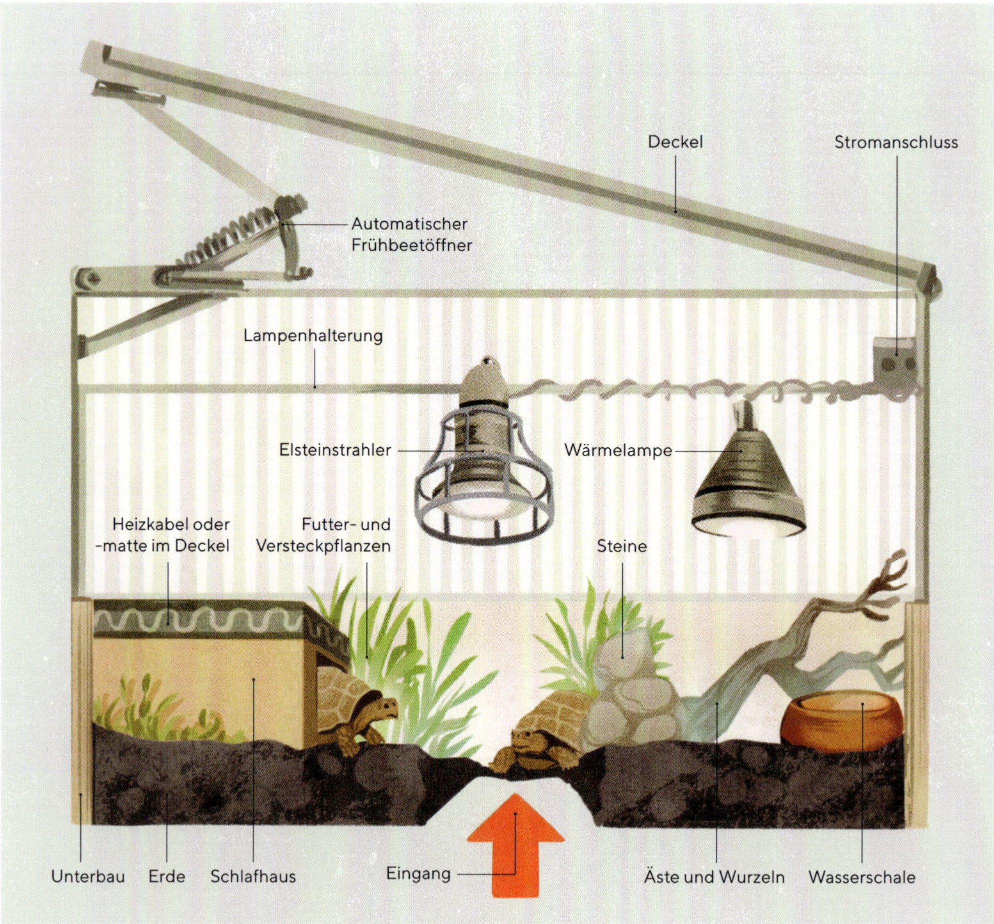

Dein Frühbeet benötigt einen geeigneten Unterbau. Siebdruckplatten eignen sich hervorragend dazu.

Durch die Technik schaffst du unterschiedlich warme Bereiche in deinem Frühbeet.

Hasendraht und Drainageschicht Wenn deine Schildkröten im Kühlschrank überwintern, reicht es, wenn du 30 cm tief gräbst und dort Hasendraht auslegst oder Betonplatten mit etwas Abstand verlegst, sodass sich von unten keine ungebetenen Gäste ins Frühbeet graben können. Danach verteilst du Schotter als Drainageschicht darauf.

Fundament Du kannst das Fundament entweder mit Beton gießen oder Randsteine aus Beton einsetzen. Ich habe für mein Frühbeet einen Unterbau aus Siebdruckplatten angefertigt und bin damit sehr zufrieden.

Isolieren Für eine bessere Dämmung isolierst du dein Fundament mit Styrodur. Denk daran, dass du einen Eingang freilässt, durch den die Landschildkröten ins Freigehege können.

Frühbeet aufstellen Nun kannst du alles mit Erde auffüllen und das Frühbeet aufstellen. Dieses wird mit dem Unterbau verschraubt. Du benötigst außerdem einen automatischen Frühbeetöffner, der an heißen Tagen dafür sorgt, dass der Deckel aufgeht.

Inneneinrichtung Im Frühbeet ist es sinnvoll, verschieden warme Bereiche zu schaffen. Der Schlafbereich mit einem Schlafhaus sollte kühl und leicht feucht sein. Zusätzlich stellst du eine Wasserschale auf, in der die Tiere baden und trinken können. Der Bereich unter der Lampe muss warm und hell sein, damit die Tiere schnell ihre Aktivitätstemperatur erreichen können. Wurzeln, Steine und Pflanzen sorgen dafür, dass die Landschildkröten sich wohlfühlen.

… und Gewächshaus

Das Gewächshaus wird genauso eingerichtet. Das Fundament habe ich aus Schalsteinen gebaut. An den Fenstern des Gewächshauses installierst du einen automatischen Öffner, damit es an sonnigen Tagen nicht zu warm wird. Die Überwinterungsgrube nimmt nicht die gesamte Fläche ein, kann aber großzügig gestaltet werden. Außerdem kannst du gut verschiedene Temperaturbereiche schaffen.

Do!

Kaufe ein Frühbeet oder Gewächshaus mit mindestens 10 mm starken Wänden.

Die Technik

⟶ Die Technik ist im Frühbeet und im Gewächshaus identisch, sodass ich im Folgenden nur das Frühbeet nenne. Deine Landschildkröten benötigen eine Wärme- und Lichtquelle sowie eine Heizung.
Um an kalten Tagen im Frühjahr, Herbst und im Winter das Frühbeet frostfrei zu halten und bestimmte Temperaturen nicht zu unterschreiten, muss es beheizt werden. Hier gibt es unterschiedliche Möglichkeiten. Du kannst ein Heizkabel, eine Heizmatte, einen Elsteinstrahler oder eine kleine Heizung verwenden.

Heizmöglichkeiten

Wenn du die Heizmöglichkeit im Schlafhaus deiner Schildkröten integrieren möchtest, benötigst du ein Heizkabel oder eine Heizmatte, die am Deckel befestigt wird. (siehe Seite 39). Ein Elsteinstrahler oder eine kleine Heizung hingegen heizen das gesamte Frühbeet.

Thermo-Timer Die Einstellung aller Heizungen steuerst du am besten durch einen Thermo-Timer. Hier empfehle ich dir zwei verschiedene. Der Thermo-Timer von Dostmann, bei dem du eine Kombination aus Uhrzeit und Temperatur einstellen kannst, verfügt über eine Steckdose. Es wird nur geheizt, wenn eine bestimmte Temperatur zu einer gewissen Tages- oder Nachtzeit unterschritten wird. Der Temperaturfühler ist wasserdicht und kann auch in der Überwinterungsgrube versenkt werden, um die Grube frostfrei zu halten.

Wenn du keine Uhrzeiten einstellen möchtest, aber beispielsweise zwei Heizkabel oder Heizmatten gleichzeitig schalten möchtest, bietet sich der Thermo-Timer ITC-306 von Inkbird an. Dieser verfügt über zwei Steckdosen und hat sich bei mir bewährt. Auch der Fühler dieses Gerätes kann in der Erde der Grube eingegraben werden. Diesen kannst du auch über eine App auf deinem Handy steuern und hast so immer alle Temperaturen im Blick.

Nachfolgend habe ich die Temperaturen, die ich während eines Jahres nachts einstelle, aufgeführt. Sie haben sich bei mir bewährt.

Jahres-Nachttemperaturen	
Dezember bis Februar	3 °C (mind. frostfrei)
März	10 °C
April	12 °C
Mai	15 °C
Juni	15 °C
Juli	15 °C
August	15 °C
September	13 °C
Oktober	12 °C
November	10 °C

Ein Heizkabel im Deckel des Schlafhauses sorgt für die notwendige Wärme in der Nacht.

Mit Zeitschaltuhren oder Thermo-Timern lassen sich deine Lampen am Tag steuern.

Wärme- und Lichtquelle

Die Wärme- und Lichtquelle sorgt dafür, dass die Schildkröten ihre Vorzugstemperatur von ca. 30 °C schnell erreichen können. Auch hier gibt es verschiedene Möglichkeiten: Ein PAR-Strahler aus dem Baumarkt, ein HQI-Strahler oder eine UV-Lampe erfüllen alle den gleichen Zweck. Auf dem Panzer der Schildkröte sollte punktuell eine Temperatur von ca. 30 bis maximal 35 °C erreicht werden.
Um die richtige Wärmelampe zu wählen, schaust du dir deine Gegebenheiten an. Die Höhe der Lampe, in der sie angebracht wird, ist entscheidend, um die gewünschte Temperatur an einem bestimmten Punkt zu erreichen. Kann diese beispielsweise aufgrund der Konstruktion deines Frühbeets nicht hoch genug montiert werden, kannst du eine Lampe mit geringerer Wattzahl verwenden, die bei weniger Abstand zu deiner Landschildkröte die gleiche Wärme entwickelt, wie eine Lampe mit höherer Wattzahl.
Du kannst die Lampen durch Zeitschaltuhren steuern oder durch einen Thermo-Timer. Der Vorteil des Thermo-Timers ist, dass die Lampen ausgeschaltet werden, sobald im Frühbeet die erwünschte Temperatur von 20 - 25 °C erreicht wurde und du so Stromkosten sparst.

Schildkröten benötigen eine Wärmelampe, um ihre Vorzugstemperatur erreichen zu können.

Brenndauer der Lampen

Dezember bis Februar	aus
März	9 - 16 Uhr
April	8 - 17 Uhr
Mai	8 - 17 Uhr
Juni	8 - 17 Uhr
Juli	8 - 10 Uhr (bei Bedarf)
August	8 - 10 Uhr (bei Bedarf)
September	8 - 17 Uhr
Oktober	8 - 16 Uhr
November	ab Mitte November jeden Tag eine Stunde weniger

Ein Schlafhaus selbst bauen

Do!

Wähle die Größe des Schlafhauses so, dass deine Tiere es über mehrere Jahre nutzen können.

Das brauchst du:

Aus dem Baumarkt:

1. Siebdruckplatten oder Holz
2. Scharniere
3. U-Nägel
4. Kabelbinder
5. Rolle Kaninchendraht
6. Schrauben
7. Rettungsdecke
8. Wärmekabel

Werkzeuge:

9. Stichsäge
10. Akkuschrauber
11. Cutter

So wirds gemacht:

Zuschneiden Säge die Siebdruckplatten oder das Holz mit einer Stichsäge zu und verbinde die vier Wände mit Schrauben miteinander.

Eingang Dann schneidest du einen Eingang in die vordere Wand. Er sollte so groß sein, dass deine größte Schildkröte bequem raus- und reingehen kann.

Rettungsdecke Lege den Deckel auf den Boden und befestige die Rettungsdecke mit Sprühkleber am Deckel. Überstehende Stücke kannst du später mit einem Cutter entfernen. Die Rettungsdecke sorgt dafür, dass die Wärme des Heizkabels nach unten abstrahlt.

Kaninchendraht und Wärmekabel Dann befestigst du mit U-Nägeln ein Stück Kaninchendraht am Deckel. Daran wird das Wärmekabel mit Kabelbindern befestigt.

Deckel anschrauben Montiere den Deckel mit Scharnieren am Schlafhaus.

Anschalten Zu guter Letzt schließt du das Heizkabel an den Strom an und stellst am Thermo-Timer die notwendige Temperatur ein, die nachts nicht unterschritten werden soll. Fertig ist dein Schlafhaus.

für Kids

Dein Gehege

für Schildies

Wohnen

füttern

verstecken

Einfach erklärt! Nun erfährst du, wie du den besten Platz für dein Gehege auswählst und wie du es einrichten kannst. Am wichtigsten ist ein Frühbeet mit einer Lampe und Heizung für deine Tiere, damit sie sich auch an kalten Tagen richtig wohlfühlen.

Wie Landschildkröten wohnen wollen

Wo soll das Gehege hin?
Deine Landschildkröten benötigen ein Zuhause, das in deinem Garten in der Sonne liegt. Such also mit deinen Eltern einen sehr sonnigen Platz aus und überlegt euch gemeinsam, wie ihr das Gehege umranden möchtet.

Umrandung
Du kannst Holz, Steine oder Pflanzringe verwenden, achte dabei darauf, dass die Höhe mindestens 50 cm beträgt, damit keine Schildkröte ausbricht. Überlege dir, wie viel deine Tiere in den nächsten Jahren noch wachsen und ob du das Gehege jederzeit vergrößern kannst.

Einrichtung
Wenn du das Gehege gebaut hast, musst du die Grasnarbe abtragen. Das ist viel Arbeit, aber deine Schildkröten leben lieber auf einem Gemisch aus Erde und Kalksteinen. Wenn das Gehege damit aufgefüllt ist, kannst du viele Pflanzen einsetzen. Schildkröten lieben es, sich zu verstecken. Deshalb solltest du Pflanzen aussuchen, in denen sie sich gut verstecken können und Pflanzen, die sie gern fressen. Viele davon findest du in diesem Buch. Vielleicht entdeckst du auf einer Wiese oder im Wald Löwenzahn oder Wegeriche, die du ausgraben kannst und dann bei dir ins Gehege pflanzt. Achte darauf, dass diese Wiesen nicht mit Dünger behandelt werden und frag den Besitzer, bevor du etwas ausgräbst. Das Gehege richtest du mit Steinen, Wurzeln und Höhlen ein. Als Höhlen kannst du zum Beispiel Tontöpfe nehmen. Sowohl im Freigehege als auch im Frühbeet müssen deine Schildkröten eine Wasserschale haben, um ausreichend trinken zu können oder ein Bad zu nehmen.

Schutzhaus
Nun musst du dich für ein Frühbeet entscheiden. Dabei helfen dir sicher deine Eltern. Dieses baut ihr gemeinsam auf und setzt es in das Freigehege auf einen Unterbau, damit die Schildkröten raus- und reinlaufen können. Der Unterbau sollte aus Siebdruckplatten oder Steinen bestehen.
Deine Schildkröten benötigen im Frühbeet eine Lampe, um sich am Tag aufwärmen zu können. Nachts bietest du ihnen ein Schlafhaus mit einer Deckelheizung oder einen Dunkelstrahler an. Ein Dunkelstrahler gibt, wie der Name sagt, kein Licht, sondern Wärme ab. So kühlt das Frühbeet in kalten Nächten nicht zu sehr aus.
Je nachdem, wo du deine Schildkröten überwintern möchtest, baust du mit deinen Eltern unter dem Frühbeet eine Überwinterungsgrube oder ihr entscheidet euch für eine Überwinterung in einem Kühlschrank. Dies kannst du im 3. Kapitel genauer nachlesen.

Schildkröten

ernähren und versorgen

Gesundes Futter

⟶ Europäische Landschildkröten sind herbivore Tiere, das bedeutet, dass sie sich ausschließlich von Pflanzen ernähren. Um gesunde Schildkröten halten zu können, benötigst du eine vielfältige Auswahl an Futterpflanzen im Gehege oder das Wissen, um sie für deine Schildkröten suchen und füttern zu können. Sieht man sich das Habitat der Landschildkröten zu den unterschiedlichen Jahreszeiten an, stellt man fest, dass diese bereits im Frühjahr viele verschiedene Futterpflanzen finden. Je weiter der Sommer fortschreitet, umso karger werden die Pflanzenangebote, und die Tiere finden hauptsächlich Getrocknetes vor.

Do!

Füttere nach dem Vorbild der Natur und übernimm den jahreszeitlichen Rhythmus.

Im Herbst, wenn die Nachzuchten einige Wochen alt sind, wachsen wieder viele frische Triebe durch mehr Regentage, und die Schildkröten können aus einer Vielzahl unterschiedlicher Jungpflanzen wählen.

Beim Wildkräutersammeln und der Schildkrötenfütterung kannst du Kinder sehr gut einbinden.

Wichtig ist eine abwechslungsreiche Ernährung mit vielen verschiedenen Wildkräutern pro Tag.

Du kannst bereits im Winter Wildkräuter ausgraben und in Anzuchtkästen pflanzen.
So hast du frische Pflanzen, wenn deine Schildkröten wieder aus der Winterstarre „erwachen".

Futter im Jahresrhythmus

Wenn wir uns die Natur bei der Haltung unserer Lieblinge zum Vorbild nehmen möchten, ist es wichtig, dass man diesen jahreszeitlichen Rhythmus auch bei unseren Tieren einhält. Deshalb ziehe ich bereits im Februar Pflanzen vor, die wachsen können, bis die Schildkröten aus ihrer Starre erwachen, um ihnen dann ein reichhaltiges Angebot an Futterpflanzen zu bieten. Da die Winter immer milder werden, kannst du auch Glück haben und bereits im März Futterpflanzen in der Natur finden. Sollte es jedoch schneien, wird dies sehr schwierig, daher ist eine zusätzliche Anzucht im Haus sinnvoll. Landschildkröten sind Weidegänger und fressen eine Pflanze nicht vollständig ab. Sie naschen einige Blätter und laufen dann zur nächsten Futterpflanze weiter. Dieses natürliche Verhalten kannst du in deinem Gehege auf zwei Arten fördern. Entweder pflanzt du so viele Futterpflanzen an, dass sich die Schildkröten selbst ernähren können oder du sammelst die Futterpflanzen täglich und verteilst sie dann so in deinem Gehege, dass die Tiere auf die Suche gehen müssen und sich dadurch bewegen. Es ist nicht sinnvoll, die Futterpflanzen immer an der gleichen Stelle anzubieten oder einen Futternapf aufzustellen. So fressen die Schildkröten in kurzer Zeit zu viel und leiden auf Dauer an mangelnder Bewegung.

Wildkräuter vorziehen

Du kannst auch Wildkräuter in deinem Garten oder der Umgebung ausstechen und in die Anzuchtkästen einpflanzen. Im Haus wachsen sie schnell auf eine stattliche Größe heran, sodass sie, sobald es wärmer ist, ins Frühbeet gesetzt werden können. So bietest du deinen Tieren gleich zu Beginn des Schildkrötenjahres eine abwechslungsreiche Ernährung mit vielen verschiedenen Wildkräutern.

Mein Tipp

Am besten ziehst du dir bereits im Februar Futterpflanzen im Haus vor. So kannst du eine große Auswahl anbieten, sobald die Tiere aus der Winterstarre erwachen. Dazu verwendest du Anzuchtkästen, füllst sie mit Erde und säst darin gekaufte Samen.

Ungesundes und Futterpflanzen suchen

Das solltest du nicht füttern

Leider gibt es immer noch viele Halter, die den Tieren keine Wildkräuter anbieten, sondern ungesundes Futter, das aus gekauften Salaten, Obst, Hundefutter oder Pellets besteht. Im Folgenden erfährst du in einer kurzen Aufzählung, was sich nicht als Futter eignet.

Salate und Gemüse

Salate und Gemüse solltest du deinen Schildkröten nicht anbieten, da sie ihnen auf Dauer schaden. Sie haben keinen hohen Rohfaseranteil, sind zu schnell verdaulich und gekauft auch oft mit Pestiziden behandelt.

Obst

Obst enthält sehr viel Fruchtzucker, daher sollte man es den Tieren auf keinen Fall anbieten, da Parasitenbefall durch den hohen Zuckergehalt begünstigt werden kann.

Tierfutter oder Pellets für Schildkröten

Verschiedene Futtermittel, wie Katzen- oder Hundefutter werden leider immer noch gefüttert. Da sie einen viel zu hohen Proteingehalt haben, wachsen die Schildkröten zu schnell, und das wiederum führt zu gesundheitlichen Schäden. Auch Pellets für Schildkröten, die im Handel erhältlich sind, sollte man nicht verfüttern, da die Liste der Zutaten keiner artgerechten Ernährung gleichkommt. Hier musst du sehr wachsam sein und dich immer erst mit den Inhaltsstoffen auseinandersetzen. Agrobs stellen dabei eine Ausnahme dar.

Futter suchen – aber wo?

Um geeignetes Futter für deine Schildkröten in der näheren Umgebung zu finden, musst du Orte finden, an denen weder mit Dünger gearbeitet noch Pflanzenschutzmittel verwendet wird. Ich suche mein Futter gerne im Wald oder auf brachliegenden Wiesen, die seit Jahren oder noch nie landwirtschaftlich genutzt wurden.
Dieses Glück, mitten in der Natur zu wohnen, hat nicht jeder Schildkrötenliebhaber. Aber auch so findest du sicher gute Futterstellen, an denen du beruhigt viele Pflanzen sammeln kannst. Achte bei der Auswahl darauf, dass du Straßenränder, Parkanlagen und bewirtschaftete Wiesen meidest. Die mit dem Futter aufgenommenen Chemikalien der Dünge- und Pflanzenschutzmittel können für Landschildkröten tödlich sein.

Futter anbauen

Am einfachsten ist es, wenn du im und um das Gehege viele unterschiedliche Futterpflanzen anpflanzt, dann hast du deine eigene Ernte. Dazu nutze ich meine Pflanzsteine außerhalb des Geheges, die als Umrandung dienen. So stehen mir auch bei zu wenig gesammeltem Futter immer frische Pflanzen zur Verfügung. Auch wenn ich in den Urlaub fahre, kann sich meine Schildkrötenbetreuung hier bedienen und muss nicht täglich frische Pflanzen sammeln. Außerdem hilft es mir an Tagen, an denen ich wenig Zeit habe. So kann ich trotzdem eine große Auswahl an Wildkräutern füttern.

∨ Im besten Fall finden die Schildkröten in ihrem Gehege selbst viele Futterpflanzen.

∨ Pflanzsteine dienen dazu, viele Wildkräuter zu bevorraten.

∧ Sammle dein Futter am besten auf brachliegenden Wiesen oder im Wald.

Do!

- Ernähre deine Schildkröte rein pflanzlich.
- Füttere viele rohfaserreiche und eiweißarme Pflanzen.
- Füttere abwechslungsreich.
- Biete Blüten nur als Leckerli an.
- Pflanze dein Futter auch außerhalb des Geheges an, beispielsweise in Töpfen.

Don't

- Füttere kein Obst und Gemüse.
- Verzichte auf Tierfutter wie Pellets.
- Sammle nicht dort, wo Dünger oder Pflanzenschutzmittel verwendet werden.

Futterpflanzen

⟶ Hier habe ich Futterpflanzen aufgeführt, die meine Landschildkröten gerne fressen. Jede Schildkröte hat unterschiedliche Vorlieben, und am besten probierst du aus, was deine am liebsten mag. Wichtig ist, dass täglich viele verschiedene Futterpflanzen angeboten werden und man den Tieren die Gelegenheit gibt, verschiedene Pflanzen zu testen. Ich habe keinen Anspruch auf Vollständigkeit, da es viele gute Bücher zur Bestimmung dieser Pflanzen gibt. Mir ist es wichtig, dass du einen Einblick erhältst und neue Pflanzen kennenlernst.

Giftige Pflanzen!

- Buchsbaum
- Eibe
- Engelstrompete
- Fingerhut
- Frühblüher (Tulpen, Narzissen, Krokusse ...)
- Hahnenfuß
- Jakobskreuzkraut
- Maiglöckchen
- Schöllkraut
- Tomaten

1 Brennnessel

Urtica dioica

I-XII

Die frischen Triebe der Brennnessel werden im Frühjahr gerne gefressen. Sie enthalten viele Vitamine und Ballaststoffe. Im Sommer dient sie als Zutat für dein Kräuterheu, denn getrocknet verliert sie ihre Nesselwirkung.
Fundort Ufer, Wälder oder Waldränder.

2 Breitwegerich

Plantago major

I-XII

Der Breitwegerich ist eine ballaststoffreiche Futterpflanze, die in keinem Gehege fehlen sollte. Der Breitwegerich blüht gelb-grün an langen Ähren. Die getrockneten Blätter ergänzen dein Kräuterheu sehr gut.
Fundort An Wegen und auf Wiesen.

3 Disteln

Sonchus spp., Carduus spp.

III-X

Disteln sind bei Schildkröten sehr beliebt. Dazu zählen die Acker-Gänsedistel (Blüte gelb), Acker-Kratzdistel (pink) und die Mariendistel (pink). Blüten und Blätter werden gerne gefressen. Da sie getrocknet noch mehr pieksen, eignen sie sich nicht als Kräuterheu.
Fundort Wiesen, Äcker, Wegränder, an Ufern.

4 Duft-Veilchen

Viola odorata

I-XII

Das Duft-Veilchen wird sehr gerne gefressen. Vor allem bei den Nachzuchten ist es eine tolle Gehege- und Futterpflanze. Sie blüht lila oder rosa und eignet sich als Kräuterheu.
Fundort Wälder, Waldränder und Wiesen.

Erklärung der Symbole

Bei den Pflanzensteckbriefen findest du folgende Symbole:

- Nur für größere Gehege geeignet
- Auch für kleinere Gehege geeignet
- Standort sonnig
- Standort halbschattig
- Standort schattig
- Als Kräuterheu geeignet
- I-XII Monate, in denen die Pflanze zu finden ist
- Winterfutter

1

2

3

4

5

6

1 Gemeiner Löwenzahn

Taraxacum officinale

I-XII

Der Löwenzahn ist wohl die bekannteste Futterpflanze. Sowohl Blätter, Blüten als auch Wurzeln werden gerne gefressen. Die Pflanze führt Milchsaft und blüht gelb. Die Samen der Pusteblume sammle ich jedes Jahr im Sommer, ziehe sie vor und pflanze sie dann ins Gehege. Du kannst beim Löwenzahn Blüten und Blätter getrocknet gut als Kräuterheu verwenden.
Fundort Wiesen, Wegränder und an Mauern.

2 Gemeiner Rainkohl

Laspana communis

I-XII

Rainkohl ist eine beliebte Futterpflanze, die vor allem im Frühjahr mit ihren kleinen frischen Blättern gerne gefressen wird. Sie ist meistens einjährig. Die Blüten des Rainkohls sind gelb. Die Blätter und Blüten dienen getrocknet als Zutat für dein Kräuterheu.
Fundort Wald- und Wegränder, auf Wiesen.

3 Gemeine Wegwarte

Cichorium intybus

IV-XI

Von der Gemeinen Wegwarte werden alle Teile sehr gerne gefressen. Die Pionierpflanze wird 30 – 140 cm hoch, hat eine tiefe Wurzel und blüht lila-blau. Die Futterpflanze kann auch getrocknet gut als Zutat für dein selbst hergestelltes Kräuterheu verwendet werden.
Fundort Wie der Name schon sagt: Man findet sie an Wegrändern und auf Äckern.

4 Gewöhnliches Ferkelkraut

Hypochaeris radicata

I-XII

Bereits im Frühjahr kannst du die mehrjährige Rosettenpflanze finden, die eine Pfahlwurzel ausbildet. Alle Teile inklusive der Wurzel werden gerne gefressen. Die Blätter erinnern an den Löwenzahn, sind aber behaart und sehen „fleischig" aus. Sie blüht gelb. Diese Pflanze eignet sich gut für dein Kräuterheu.
Fundort Wiesen- und Waldränder.

5 Klatschmohn

Papaver rhoeas

I-XII

Der Klatschmohn ist eine beliebte einjährige und milchsaftführende Futterpflanze. Alle Teile werden gerne gefressen. Zu viel davon sollten die Schildkröten jedoch nicht fressen, da sie wegen ihrer Alkaloide als schwach giftig eingestuft wird. Sie blüht leuchtend rot. Sie ist für dein Kräuterheu sehr gut verwendbar.
Fundort Getreidefelder und Ackerränder.

6 Knoblauchsrauke

Allaria petiolata

II-VII

Vor allem im Frühjahr findet man diese Futterpflanze, die durch ihren Knoblauchgeruch gut erkennbar ist, wenn man die Blätter zwischen den Fingern zerreibt. Die Blüten der Pflanze sind weiß. Die Blätter kannst du ohne Stängel für dein Kräuterheu verwenden. Allerdings müssen sie mehrere Tage trocknen.
Fundort Im Wald und auf Wiesen.

1 Königskerze
Verbascum spp.

I-XII

Die Königskerze bildet im ersten Jahr eine Blattrosette aus, im zweiten Jahr blüht sie dann. Diese Blüten werden gerne von den Schildkröten gefressen. Die Blüten der Futterpflanze sind gelb und können getrocknet und in dein Kräuterheu gemischt werden.
Fundort Wegesränder, Ufer oder Steilhänge.

2 Kompasslattich
Lactuca serriola

III-IX

Der Kompasslattich ist ein- oder zweijährig und wird sehr gerne gefressen. Die Blätter sind in der Mitte stachelig, und die Pflanze blüht gelb. Die Blätter ohne den Stängel werden auch getrocknet gerne gefressen.
Fundort Bahndämme und Wiesen.

3 Spitzwegerich
Plantago lanceolata

I-XII

Der Spitzwegerich ist eine ballaststoffreiche Futterpflanze, die in keinem Gehege fehlen sollte. Man erkennt ihn an den langen, lanzenförmigen Blättern mit Längsrillen, die Blüten sind grün-gelb. Die getrockneten Blätter passen sehr gut in dein Kräuterheu.
Fundort Auf Wiesen und an Wegrändern.

4 Weißklee und Rotklee
Trifolium repens, Trifolium pratense

I-XII

Weiß- und Rotklee sollten wie andere Kleearten nicht zu oft gefüttert werden, da sie sehr eiweißreich sind. Schildkröten mögen Klee sehr gern. Die Pflanzen blühen weiß bzw. lila und lassen sich gut für dein Kräuterheu trocknen. Zudem sind sie oft im Winter verfügbar.
Fundort Wiesen, Weiden und Wegränder.

5 Wiesen-Labkraut
Galium mollugo

I-XII

Das Wiesen-Labkraut ist winterhart und wird von allen Schildkröten sehr gerne gefressen. Es blüht weiß und du kannst es getrocknet für dein Kräuterheu verwenden. (auch beliebt: Kletten-Labkraut).
Fundort Wegränder, Böschungen, Wiesen.

6 Wilde Malve
Malva sylvestris

IV-XI

Alle Malvenarten sind bei unseren Schildkröten sehr beliebt. Dazu zählen die Moschus-, die Weg-und die Wilde Malve. Die Blüten der Wilden Malve haben eine lila Färbung. Die Blüten eignen sich gut für Kräuterheu und sind sehr begehrt.
Fundort An Wegrändern, Mauern, Zäunen.

1

2

3

4

5

6

Weitere Futterpflanzen

Es gibt noch eine Vielzahl an Futterpflanzen. Aus Platzgründen stelle ich dir noch einige in tabellarischer Form vor. Wenn du dich auf die Suche nach ihnen begibst, nutzt du am besten ein Bestimmungsbuch wie „Landschildkröten-Futterpflanzen" von Ricarda Schramm oder eine App wie „Flora Incognita". So lernst du mit der Zeit immer mehr Futterpflanzen für Landschildkröten kennen und kannst jeden Tag verschiedene anbieten.

Essbare Kulturpflanzen

Diese Pflanzen können ergänzend zu den Wildkräutern gefüttert werden:

- Ringelblume
- Stockrose
- Kapuzinerkresse
- kriechendes Schönpolster, (Golliwoog)

Futterpflanzen

Name	Eigenschaften	Fundort
Bärlauch *Allium ursinum* II-VI	Bärlauch ist leicht verwechselbar mit Maiglöckchen, die giftig sind. Zerreibe ein Blatt zwischen den Fingern, wenn es nach Knoblauch riecht, kannst du es als Schildkrötenfutter sammeln. Bärlauch blüht weiß.	Wegränder und Wälder
Barbarakraut *Barbarea vulgaris* I-X	Das vitaminreiche Barbarakraut bildet im ersten Jahr eine Blattrosette und blüht im darauffolgenden Jahr gelb. Auch als Winterfutter geeignet.	Weg- und Waldränder, in der Nähe von Ufern
Gemeiner Frauenmantel *Alchemilla vulgaris* III-X	Der Gemeine Frauenmantel ist eine tolle Gehegepflanze, die sowohl als Versteck- als auch als Futterpflanze genutzt wird. Sie nimmt eine buschige Form an und wächst am Boden liegend. Die getrockneten Blätter kannst du für Kräuterheu verwenden.	Wiesen, Wälder und Wegränder
Gemeiner Hornklee *Lotus corniculatus* I-XII	Der Gemeine Hornklee darf nicht zu häufig gefüttert werden, da er sehr eiweißhaltig ist. Ab und zu gegeben ist er durchaus beliebt. Der Hornklee blüht gelb. Für dein Kräuterheu kannst du sowohl die Blätter als auch die Blüten trocknen.	Wegränder, Gebüsche und Wiesen
Gemeine Nachtkerze *Oenothera biennis* I-XII	Die Nachtkerze ist zweijährig. Im ersten Jahr werden die Blattrosetten von manchen Schildkröten gefressen, im zweiten Jahr die Blüten. Sie blüht in der Abenddämmerung gelb und ist bereits am nächsten Tag verblüht. Die Blüten eignen sich hervorragend für dein Kräuterheu.	Wegränder, Steinbrüche und Böschungen

Ringelblumen zählen zu den ältesten Gartenpflanzen und haben eine entzündungshemmende Wirkung.

Die Kapuzinerkresse ist einjährig, ihre schönen Blüten können von Mensch und Tier gegessen werden.

Futterpflanzen

Name	Eigenschaften	Fundort
Gewöhnlicher Feldsalat *Valerianella locusta* I–XII	Der Gewöhnliche Feldsalat ist einjährig, keimt im Herbst und überwintert als Blattrosette. Die Pflanze ist sehr beliebt. Ihre Blüten sind weiß oder bläulich. Gut als Winterfutter geeignet.	Felder, Wegränder und Wiesen
Margerite *Leucanthemum vulgare* I–XII	Die Margerite wird von meinen Schildkröten am liebsten als Blattrosette gefressen, aber auch die Blüten verschmähen sie nicht. Sie breitet sich schnell aus und blüht weiß.	Wiesen, Wegränder
Vogel-Sternmiere *Stellaria media* I–XII	Die einjährige und winterharte Vogel-Sternmiere bietet vor allem den kleineren Schildkröten ein super Futter. Die kleinen Blättchen werden von allen Landschildkröten gerne gefressen. Sie blüht weiß. Gutes Winterfutter.	Wegränder, Wiesen und am Waldrand
Wiesen-Pippau *Crepis biennis* I–XII	Der ballaststoffreiche Wiesen-Pippau ist ein sehr gutes Schildkrötenfutter. Die Pflanze ist zweijährig und führt Milchsaft. Sie blüht gelb. Die Blätter werden getrocknet gerne gefressen.	Wiesen und Wegränder
Wicke *Vicia* I–XII	Die Wicke ist eine einjährige oder ausdauernde Pflanze. Die Blätter und Blüten fressen meine Schildkröten sehr gerne. Sie blüht in verschiedenen Farben und kann gut für dein Kräuterheu getrocknet werden.	Weg- und Waldränder, Wiesen

Eine Futterwiese anlegen

Mein Tipp

Wer im Garten oder in der Umgebung keine Pflanzen findet, die er umsetzen kann, hat auch die Möglichkeit, Pflanzen für die Schildkröten im Internet zu bestellen. Anregungen dazu findest du im Service.

Das brauchst du:

1 Hacke
2 Samen
3 Pflanzen

So wirds gemacht:

Futterwiese mit Weidezeiten Meine Schildkröten fressen die Futterpflanzen, die im Gehege wachsen, immer sehr schnell auf. Deshalb habe ich mir eine Futterwiese angelegt. Diese ist zwar im Gehege integriert, stellt aber einen abgetrennten Bereich dar.

Erde freilegen Entferne die Grasnarbe mit der Hacke, etwa 10 – 15 cm tief.

Säen Lockere den Boden auf und säe Samen von verschiedenen Futterpflanzen aus. Anschließend bedeckst du die Samen mit Erde, klopst sie etwas fest und hältst die Erde feucht, damit die Pflänzchen keimen können.

Pflanzen Setze zusätzlich ausgestochene Jungpflanzen ein, beispielsweise aus deinem Garten, sodass diese dort wachsen können.

Wachsen lassen Lasse die Pflanzen schön groß und dicht werden, damit sie nicht sofort abgefressen werden.

Weiden lassen Die Schildkröten dürfen nun von Zeit zu Zeit dort „weiden". Ich öffne die Wiese nur, wenn ich nicht genug Wildkräuter sammeln kann, weil ich unterwegs oder im Urlaub bin. So bin ich mir sicher, dass die Schildkröten genug zu fressen haben und meine Urlaubsbetreuung nicht jeden Tag sammeln muss.

Mit Calcium versorgen

→ Schildkröten benötigen Calcium, da der Panzer und die Knochen der Landschildkröten dies zum Wachsen brauchen. Da eine Schildkröte ihr Leben lang wächst, muss Calcium auch immer zur Verfügung stehen.
Wenn keine Calciumquellen zur Verfügung stehen, wird das Calcium aus den körpereigenen Depots abgebaut, sodass die Knochen der Schildkröte porös werden können.

Ergänzungsmittel

Um deine Schildkröten ausreichend mit Calcium zu versorgen, gibt es verschiedene Ergänzungsmittel, die du ihnen anbieten kannst: Das sind Sepiaschalen (Innenskelett des Tintenfisches), Muschelgrit, Algenkalk, Schneckenhäuser und Knochen.
Ich verwende gerne Sepiaschalen, Algenkalk und Knochen und konnte damit gute Erfahrungen machen. Alles wird sehr gerne von den Tieren angenommen. Sepiaschalen sorgen dafür, dass die Hornscheiden der Landschildkröten sich auf natürliche Weise abnutzen und den sogenannten „Papageienschnabel" verhindern.

Knochen

Wenn du Knochen verwenden willst, solltest du diese beim Metzger deines Vertrauens besorgen. Gut geeignet sind Wild- oder Rinderknochen. Diese kochst du aus und vergräbst sie anschließend für mehrere Monate in der Erde. Dadurch werden sie poröser und die Landschildkröten können besser daran knabbern.

Kalkhaltiger Boden

Zudem besteht der Bodengrund des Geheges aus einem Gemisch aus Muschelgrit, Kalksteinen und Erde. Das Gehege sollte ein bis zwei Mal im Jahr gekalkt werden. Dazu eignet sich Dolomit- oder Algenkalk. Dieser wird durch den Regen in die Erde eingeschlämmt und von den Futterpflanzen aufgenommen. Dennoch reichen die mit Calcium angereicherten Futterpflanzen nicht aus, um den Calciumbedarf einer Schildkröte zu decken. Biete deshalb immer zusätzlich Sepia an, die die Tiere nach Bedarf zu sich nehmen können.

Mein Tipp

Im Urlaub, z. B. in den Niederlanden, kannst du an den Stränden Sepiaschalen sammeln. Diese lege ich ungewaschen ins Gehege. Sie werden von allen Schildkröten besonders bevorzugt.

Es gibt verschiedene Möglichkeiten, den Tieren Calcium anzubieten.

Der Boden wird zwei Mal im Jahr gekalkt. Das ist auch gut für die Futterpflanzen.

Sepia wird gern genommen und hilft dabei, dass die Schildkröte ihren Schnabel abwetzt.

Don't

Füttere keine Eierschalen, da diese von den Schildkröten nicht als Calciumquelle verwertet werden können.

Kräuterheu

selbst gemacht

Mein Tipp

Agrobs als rohfaserreiches und eiweißarmes Futter weichst du in Wasser in einer Schale ein und fütterst es im Sommer zusätzlich zu getrockneten Pflanzen.

Das brauchst du:

1 Pflanzen und Kräuter
2 Trockennetz
3 Stofftasche zur Aufbewahrung

So wirds gemacht:

Kräuter pflücken Um deinen Landschildkröten im Sommer überwiegend Getrocknetes anbieten zu können, kannst du dein eigenes Kräuterheu herstellen. Dafür wählst du Wildkräuter aus, die sich gut trocknen lassen (siehe Futterpflanzengalerie) und legst diese über mehrere Tage in die Sonne.

Trockennetz Alternativ kannst du auch ein Kräuter-Trockennetz verwenden. Hier hat man die Möglichkeit, auf verschiedenen Ebenen unterschiedliche Kräuter zu trocknen.

Aufbewahren kannst du die getrockneten Kräuter dann gut in Leinenbeuteln oder in einem Bettbezug.

Fertig ist das Sommerheu So gelingt es dir, deinen Schildkröten im Sommer dein eigenes Kräuterheu anzubieten. Wähle dabei Kräuter aus, die deine Schildkröten im frischen Zustand gerne fressen. Oft werden sonst die getrockneten Pflanzen verschmäht. Es braucht etwas Ausdauer, bis deine Schildkröten das Getrocknete fressen.

für Kids

Deine Schildkröte füttern

Verteilen

Pflücken

Mitbringen

Einfach erklärt! Deine Landschildkröten ernähren sich nur von Pflanzen. Damit Schildkröten viel Abwechslung haben, musst du verschiedene Futterpflanzen kennen, die du deinen Tieren füttern kannst. Du möchtest ja auch jeden Tag verschiedene Lebensmittel essen und nicht immer das Gleiche auf den Teller bekommen.

Abwechslungsreiches Grünzeug

Pflanzen vorziehen
Damit du deinen Landschildkröten nach der Winterstarre gleich Futterpflanzen anbieten kannst, ziehst du sie am besten schon im Februar vor. Dann hast du frisches Grün für sie, wenn die Schildkröten wach werden.

Futter im Gehege verteilen
Wenn du Futterpflanzen sammelst, lege sie nicht immer an die gleiche Stelle und biete sie nicht in einem Futternapf an. Deine Schildkröten sollen sich im Gehege bewegen und etwas Sport machen. So, wie du jeden Tag Bewegung brauchst, ist es auch für deine Tiere wichtig, und deshalb wird auch das gepflückte Futter überall im Gehege verteilt.

Pflanzen sammeln
Viele geeignete Futterpflanzen werden in diesem Kapitel gezeigt. Sicher helfen dir deine Eltern, sie zu finden. Dafür musst du auf Wiesen gehen, an denen man weder Dünger noch Pflanzenschutzmittel verwendet. Mein Futter suche ich gerne im Wald oder auf Wiesen, die nicht landwirtschaftlich genutzt werden.

Anpflanzen
Am einfachsten ist es für dich, wenn du in deinem Gehege oder in eurem Garten viele unterschiedliche Futterpflanzen anpflanzt. So hast du auch bei zu wenig gesammeltem Futter immer frische Pflanzen zur Verfügung.

Calcium für Knochen und Panzer
Deine Schildkröten benötigen auch Calcium, da der Panzer und die Knochen der Landschildkröten dies zum Wachsen brauchen. Damit dein Körper genug Calcium bekommt, trinkst du vielleicht jeden Tag ein Glas Milch oder isst Gemüse wie Brokkoli. Diese Lebensmittel enthalten viel Calcium und sind für deinen Körper sehr wichtig. Da eine Schildkröte ihr Leben lang wächst, muss dieses für sie immer zur Verfügung stehen.

Don't

Auch wenn es immer noch Schildkrötenbesitzer gibt, die Obst, Gemüse, Hundefutter oder Pellets füttern, darfst du das nicht tun.

Schildkröten-verhalten

verstehen

Das Schildkrötenjahr und seine Aufgaben

→ Während eines Jahres gibt es Routinen, die jedes Jahr gleich ablaufen. Um dir eine Hilfestellung bei der Haltung zu geben, dient diese Jahresübersicht:

März

Verhalten Im März erwachen die Landschildkröten aus ihrer Winterstarre. Sie werden aktiv.
To do Jetzt kannst du das Laub aus den Schlafhäusern entfernen oder die Schildkröte vom Kühlschrank/Gewölbekeller wieder ins Frühbeet setzen. Nun stellst du frisches Wasser bereit und schaltest die Beleuchtung ein, sobald sich die erste Landschildkröte zeigt. Sobald diese das Gewächshaus erkundet und sich unter der Lampe wärmt, kontrollierst du ihren Gesundheitszustand. Im Gehege kannst du nun erste Arbeiten verrichten, indem du überflüssiges Gras entfernst, Versteckpflanzen zurückschneidest und Futterpflanzen im Frühbeet oder Gewächshaus vorziehst.

April

Verhalten Die Schildkröten werden immer aktiver, sie fressen, paaren sich und genießen die Frühlingssonne.
To do Nun ist es wichtig, ihnen täglich Wildkräuter anzubieten. Eine Vielzahl verschiedener Wildkräuter im Gehege verteilt, sorgt dafür, dass deine Schildkröten optimal mit Nährstoffen versorgt werden. Eventuell musst du einen Eiablagehügel im Gehege vorbereiten, da die Weibchen auch ohne ein Männchen Eier ablegen.

Mai

Verhalten Die ersten Eiablagen der adulten Weibchen finden ab etwa 800 g statt.
To do Du kannst erste Futterpflanzen (vor den Schildkröten geschützt) ins Freigehege umpflanzen. Falls du dir Nachzuchten wünschst, solltest du vorher für potenzielle Abnehmer sorgen. Wenn du dir sicher bist, dass du das gewährleisten kannst, kannst du einen Brutkasten vorbereiten. Dazu nimmst du kleine Plastikkisten und füllst diese mit leicht feuchter Gartenerde. Sie werden anschließend in den Inkubator gestellt.

Juni

Verhalten Weitere Eiablagen folgen meistens im Monat Juni. Ein Weibchen legt meist zwischen zwei und drei Gelege im Jahr mit einem Abstand von drei bis vier Wochen.
To do Da es im Juni schon sehr warm sein kann, solltest du an heißen Tagen zusätzliche Badestellen zur Verfügung stellen.

Juli

Verhalten Im Juli sind die Schildkröten vor allem morgens und am späten Nachmittag aktiv. Oft verschlafen sie die warme Mittagszeit in einem Unterschlupf.
To do Du bietest nun vor allem Kräuterheu oder Agrobs an. Eine Kotuntersuchung der Landschildkröte oder der ganzen Gruppe wird zu dieser Zeit durchgeführt. Eventuell schlüpfen schon die ersten Nachzuchten, für die du ein eigenes Gehege bauen solltest.

Im März wachen die Schildkröten wieder auf. Bringe sie abends mit ihrer Kiste vom Kühlschrank ins Frühbeet.

Anschließend entfernst du das Laub, sodass die Schildkröte langsam erwachen kann.

Das Schildkrötenjahr

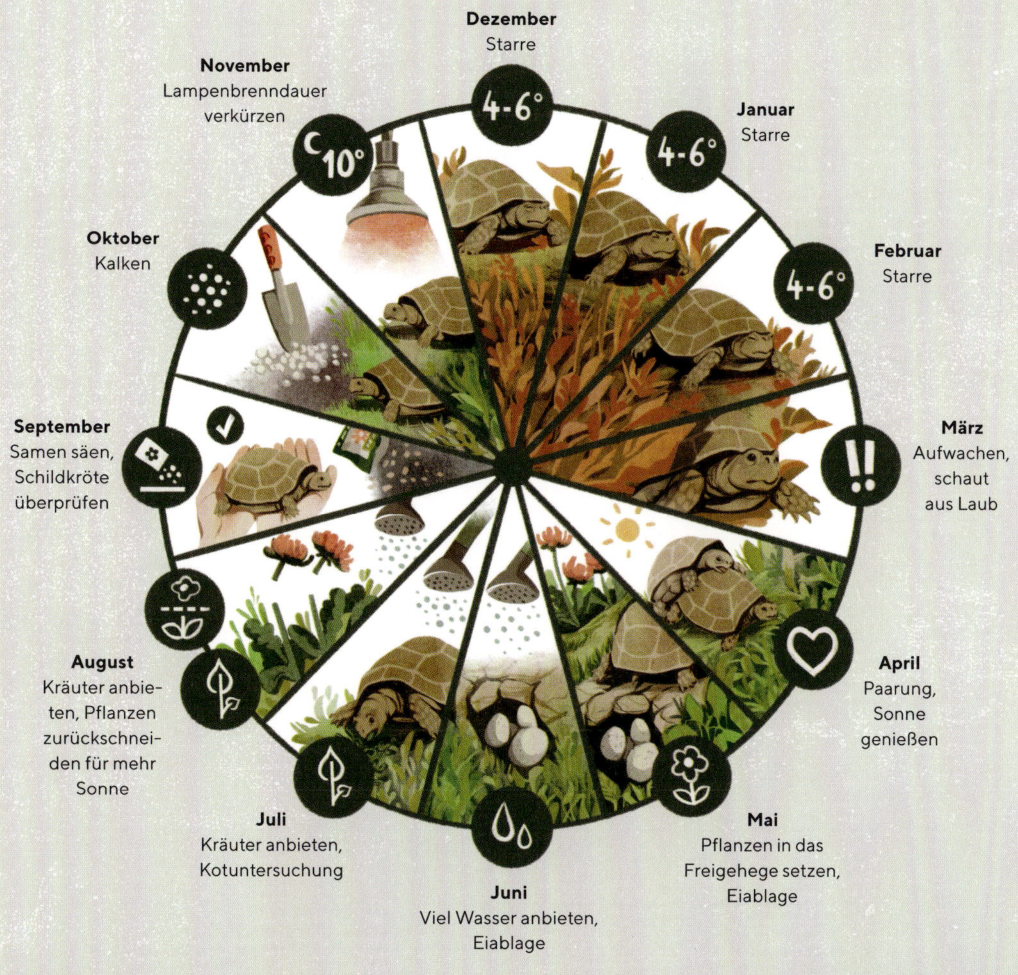

> Vor der Winterstarre ist ein Gesundheitscheck wichtig.

∨ Auch Nachzuchten starren so lange wie die adulten Tiere.

∧ Agrobs im Sommer ahmen die Ernährung im Habitat nach.

> Gefütttert wird, bis das letzte Tier in der Erde abgetaucht ist.

∧ Kein Zwangsbaden vor der Starre! Die Schildkröte entscheidet selbst, wie lange sie im Wasser sein möchte.

August

Verhalten Im August sind die Schildkröten am frühen Morgen und am späten Nachmittag aktiv. Tagsüber suchen sie sich eine kühle Höhle.
To do Beobachte die neuen Nachzuchten und kleineren Schildkröten, ob alle fressen und aktiv sind. Wenn sie ihre Wasserschale nicht aufsuchen, solltest du sie baden, um sicherzustellen, dass sie genügend Wasser aufnehmen. Auch bei den adulten Landschildkröten achtest du darauf, dass sie regelmäßig Wasser zu sich nehmen. Zudem kannst du das Gehege an sehr heißen Tagen mit einem Gartenschlauch wässern. Ende August schneidest du die Pflanzen im Gehege zurück, sodass die Tiere wieder mehr Sonnenplätze zur Verfügung haben.

September

Verhalten Die Vorbereitung auf die Winterstarre beginnt nun langsam. Die Tiere werden durch die fallenden Temperaturen träger und fressen weniger. Gegen Abend nimmt man wahr, dass die Schildkröten schneller ihre Schlafhäuser aufsuchen.
To do Überprüfe den Gesundheitszustand, um eventuelle Verletzungen frühzeitig behandeln zu können. Im Gehege werden die Pflanzen zurückgeschnitten und Samen für die nächste Schildkrötensaison ausgesät.

Oktober

Verhalten Die Schildkröten zeigen sich nur noch selten im Freigehege. Sie genießen die Wärme der Lampen im Frühbeet.
To do Nun wird das Gehege mit Dolomitkalk gekalkt, damit der Boden kalkhaltiger wird. Die Pflanzen nehmen diesen auf und darauf von den Landschildkröten gefressen. Außerdem solltest du nun Buchenlaub für die Schlafhäuser oder Überwinterungskisten sammeln.

November

Verhalten Viele Schildkröten tauchen nun für einige Tage in die Erde ab. Selten kommen sie noch einmal zum Vorschein, um zu trinken oder sich zu sonnen.
To do Die Beleuchtungsdauer wird verkürzt und die Heizkabel oder Heizmatten in den Schlafhäusern heizen nur noch unter 10 °C. Mitte bis Ende November überführt man dann die Schildkröten in den Kühlschrank oder sie beginnen ihre Starre im Frühbeet/ Gewächshaus.

Dezember - Februar

Verhalten Die Schildkröten befinden sich nun in der Winterstarre.
To do Von Dezember bis Februar kontrollierst du täglich die Temperaturen im Kühlschrank oder Frühbeet/Gewächshaus. Wer die Sicherheit haben möchte, dass es seiner Schildkröte gut geht, kann sie nach vier Wochen wiegen und eine kurze Gesundheitskontrolle der Kopfregion und des Panzers durchführen. Überwintern deine Tiere im Kühlschrank, öffnest du ihn einmal pro Woche für wenige Minuten, um den Luftaustausch zu gewährleisten.

Im Februar wird damit begonnen, erste Futterpflanzen auf der Fensterbank vorzuziehen. Außerdem kontrollierst du nun die Technik in deinem Frühbeet oder Gewächshaus und tauschst bei Bedarf defekte Lampen aus. Ich lasse die Technik immer einige Tage Probe laufen, um sicherzugehen, dass alles einwandfrei funktioniert. Nun ist es auch an der Zeit, erste Arbeiten im Frühbeet und Gewächshaus zu verrichten. Die oberste Schicht Erde tausche ich aus, indem ich Maulwurfshügelerde sammle und bei Bedarf neue Kräuter pflanze. Wenn du möchtest, kannst du das Gehege im Februar erneut kalken.

Verhalten erkennen

Orientierung

Schildkröten haben ein ausgeprägtes Erinnerungsvermögen und können sich gut orientieren. Zur Orientierung nutzen sie Augen und Nase. Da Schildkröten keine Ohrmuscheln besitzen, hören sie nur tiefe Töne, nehmen aber schon kleinste Erschütterungen wahr. Sie erkennen dich als Pfleger wieder und verbinden dich mit Futter. Sie erkennen ihr Gehege auch nach der Winterstarre wieder und reagieren empfindlich auf Veränderungen. Deshalb solltest du nicht zu oft etwas umbauen, um sie keinem unnötigen Stress auszusetzen. Auch ihre Artgenossen kennen sie und wissen, wem sie lieber aus dem Weg gehen sollten. Insbesondere die Weibchen verfügen über einen ausgeprägten Tastsinn beim Ausheben der Eigrube und Legen ihrer Eier.

Aktivitätsphasen

Für deine Landschildkröten ist Wärme lebensnotwendig. Eine Vorzugstemperatur von 30 °C ermöglicht es den Schildkröten, dass Stoffwechselvorgänge wie die Verdauung ablaufen können. Die Aktivitätszeiten der Tiere orientieren sich an der Wärme, die sie erhalten. Im Frühjahr und Herbst sind eine Wärmelampe und eine Heizung entscheidend, damit sie in diesen Phasen des Jahres aktiv sein können. Im Sommer nutzen die Tiere oft die Vormittags- und Nachmittagssonne. Ansonsten verstecken sie sich in der Mittagssonne unter Büschen, damit sie nicht überhitzen.

Revierverhalten

Im natürlichen Habitat laufen sich die Schildkröten selten über den Weg. Wenn zwei Männchen aufeinandertreffen, kommt es oft zu Revierkämpfen. Dabei ziehen beide Männchen den Kopf in den Panzer ein und rammen sich, indem sie ihre Panzer gegeneinanderstoßen. Weibchen untereinander vertragen sich meistens und leben entspannt miteinander.

Verhalten bei Gefahr

Bei Gefahr zieht die Schildkröte ihren Kopf und ihre Gliedmaßen ein. Manchmal gibt sie dabei ein zischendes Geräusch von sich, das dadurch entsteht, indem sie vor Schreck die Luft aus ihren Lungen herauspresst.

Anzeichen für eine Erkrankung

Auch Schildkröten empfinden Schmerzen. Da sie keine Stimme haben und die Mimik fehlt, ist es schwieriger, Schmerzen zu erkennen. Solltest du bemerken, dass deine Schildkröte schläfrig und inaktiv wirkt oder wenig frisst, musst du die Ursache abklären lassen. Auch das Öffnen des Mauls, ein rötlich gefärbter Bauchpanzer oder eine hervorstehende Nickhaut im Auge sind Zeichen für eine Erkrankung. Sollte deine Schildkröte Ausfluss aus Nase oder Mund zeigen, suchst du bitte einen schildkrötenerfahrenen Tierarzt auf. Dieser wird deine Schildkröte ausgiebig untersuchen und die Ursache der Symptome finden.

Schildkröten sind neugierig und erkennen ihre Pfleger wieder.

Der Geruchssinn ist ausgeprägt. So findet sie fressbare Pflanzen.

Bei Gefahr zieht die Schildkröte Kopf und Gliedmaßen ein.

Umbaumaßnahmen sollten nicht zu oft durchgeführt werden, da dies Stress für die Tiere bedeutet.

Die Aktivitätsphasen der Schildkröte sind von der Wärme abhängig, die du ihnen bietest.

Paarung und Eiablage

Paarung

Die Paarung der Griechischen Landschildkröten sieht für den Beobachter recht grob aus. Das Männchen verfolgt und umkreist das Weibchen und versucht, es durch In-die-Beine-Beißen zum Stehenbleiben zu bewegen. Wenn das Weibchen stehen bleibt, reitet das Männchen von hinten auf. Durch den konkav geformten Panzer findet es Halt. Während der Paarung gibt das Männchen Pfeifgeräusche von sich. Es hält sich mit seinem Schwanznagel unter dem Panzerrand des Weibchens fest, das Weibchen streckt seine Kloake durch das Einziehen des Kopfes nach außen. So kann das Männchen sein Geschlechtsteil einführen und es kommt zu einer erfolgreichen Kopulation. Oft gibt es zu Beginn der Paarung Trockenübungen des Männchens, da das Weibchen nicht sofort bereit ist.

Wenn ein Männchen das Weibchen häufig aufsucht, um sich zu paaren, gilt es in Gefangenschaft stets darauf zu achten, dass das Weibchen sich keine Verletzungen im Panzer- oder Kloakenbereich zuzieht und der Schwanz des Männchens durch das ständige Aufreiten nicht verletzt wird.

Männliche Landschildkröten sind sehr aktiv und sollten zeitweise von den Weibchen getrennt werden, wenn sie diese zu sehr belästigen.

Eiablage: Die Landschildkröte legt ihre Eier vorsichtig in die Grube , die sie zuvor ausgehoben hat.

Die Eier werden behutsam mit den Händen ausgegraben und anschließend in den Brüter überführt.

Oft werde ich gefragt, ob das Aufreiten von Jungtieren untereinander schon etwas über das Geschlecht verrät. In den meisten Fällen ist dies nur ein Zeichen von Dominanz. Auch ausgewachsene Männchen oder Weibchen untereinander zeigen dieses Verhalten.

Eiablage

Wenn das Weibchen ihre Eier ablegen möchte, sucht sie bereits Tage vorher nach einem geeigneten Platz. Dazu testet sie den Bereich mit der Nase, um die Temperatur und Luftfeuchtigkeit zu überprüfen. Um die Beschaffenheit des Bodens zu bewerten, führen viele Weibchen auch Probegrabungen durch, um die perfekte Stelle zu finden. Wenn alles passt, beginnt sie mit den Hinterbeinen eine Grube zu graben. Dieser Vorgang kann von 30 Minuten bis zu 3 Stunden dauern. Erst wenn die Grube tief genug ist, werden die Eier einzeln durch einen Pressvorgang in das Loch befördert. Dazu zieht das Weibchen den Kopf ganz in den Panzer ein. Der Legevorgang kann unterschiedlich lange dauern und sollte nicht gestört werden. Wenn sich die Schildkröte zu sehr belästigt fühlt, bricht sie den Vorgang ab und es kann zu einer Legenot kommen.
Sobald die Landschildkröte alle Eier gelegt hat, verschließt sie ihre Grube sorgfältig, oft sogar so, dass man mit bloßem Auge nicht mehr erkennen kann, wo sich die Grube befindet. Deshalb hängen viele Besitzer Kameras auf, um die Eiablage zu filmen.

Bergung des Geleges

Erst wenn die Schildkröte ihre Grube vollständig geschlossen und verlassen hat, gräbt man die Eier vorsichtig aus. Am besten funktioniert das mit den Händen oder einem Löffel, damit die Eier nicht beschädigt werden. Direkt nach der Ablage dürfen diese noch gedreht werden. Solltest du das Gelege erst später finden, müssen die Eier unbedingt in der vorgefundenen Position herausgenommen und auch so in den Inkubator überführt werden, da der Fötus sonst abstirbt. Am besten markierst du die Seite, die oben liegt, mit einem weichen Bleistift.

Mein Tipp

Ich wiege meine Schildkrötenweibchen in regelmäßigen Abständen im Mai und Juni, um feststellen zu können, ob die Eiablage stattgefunden hat. In der Regel verlieren sie dabei 60 - 150 g an Gewicht. Hierbei kommt es auf die Anzahl der Eier an.

Inkubation, Schlupf und Haltung

⟶ Wenn du die Eier ausbrüten möchtest und den Platz für die Nachzuchten zur Verfügung hast, damit diese genauso artgerecht gehalten werden können, wie deine adulten Tiere, benötigst du einen Inkubator. Es kommt zwar immer wieder auch in unseren Breiten zu Naturbruten, wenn Gelege unentdeckt bleiben. Dies solltest du jedoch vermeiden, da daraus meistens Männchen schlüpfen. Da ein Männchen mit mindestens 2–3 Weibchen gehalten werden muss und nicht unbedingt sozial verträglich mit anderen ist, landen viele der Männchen in den Auffangstationen.

Inkubator

Als Inkubator empfehle ich beispielsweise den F50 von Jäger. Du stellst ihn auf eine Temperatur von 32–33 °C ein und füllst Erde, Vermiculit oder Sand in kleine Plastikkisten. Ich nehme immer die Erde vom Eiablagehügel. In diese Kisten legst du die Eier hinein.

Info

Man geht davon aus, dass bei einer Temperatur von unter 31,5 Grad hauptsächlich Männchen schlüpfen und über 31,5 Grad überwiegend Weibchen.

Markiere die Oberseite der Eier mit einem weichen Bleistift, damit der Embryo bei einem versehentlichen Drehen der Eier nicht abstirbt und sofort wieder in die vorherige Position gedreht werden kann. Im Inkubator sollte eine Luftfeuchtigkeit von 70–80 % herrschen.

Die Brut

Du kannst die Eier bedeckt, halb vergraben oder offen bebrüten. Bei der naturnahen Bebrütungsmethode deckst du die Eier mit Erde ab und stellst den Brüter über Nacht einige Stunden aus, um eine Nachtabsenkung der Temperatur zu erreichen. So entwickeln sich die Nachzuchten langsamer. Wenn ein Ei befruchtet ist, entwickelt sich ein weißer Fleck an der Oberseite, das Ei wird mit der Zeit immer weißer. Die Nachzuchten schlüpfen ab dem 55. Tag, indem sie mit ihrem Eizahn die Schale durchstoßen. Dieser Vorgang kann 1–2 Tage dauern. Da es auch Nachzügler unter den Nachzuchten gibt, die verspätet schlüpfen, wartest du mindestens 90 Tage, bis du die Eier öffnest.

Die Nachzuchten verbleiben so lange im Inkubator, bis sich die Schildkröte vollständig entfaltet hat und der Bauch komplett geschlossen ist. An der offenen Stelle am Bauch befand sich im Ei der Dottersack, durch den die kleine Schildkröte ernährt worden ist. In den ersten Tagen nach dem Schlupf zehren die Schildkröten noch von ihrem Dottersack, von dem man manchmal auch noch nach dem Schlupf Reste sehen kann.

An der offenen Stelle befand sich der Dottersack. Die Nachzucht bleibt so lange im Inkubator, bis die Bauchnaht geschlossen ist.

Vor allem die kleinen Landschildkröten lieben einen dichten Dschungel aus verschiedenen Pflanzen, in dem sie sich verstecken können.

Haltung von Nachzuchten

Meine Nachzuchten werden, nachdem der Bauch vollständig geschlossen ist, ins Freigehege umquartiert. Dazu bietet es sich an, dass man eine Holzumrandung, beispielsweise einen kleinen Sandkasten, aufstellt und daran das Frühbeet angrenzen lässt. Dann entfernst du die Grasnarbe auf dieser Fläche und verlegst wie bei den adulten Tieren einen Kaninchendraht oder Steinplatten, damit sich keine Tiere von unten zu deinen Schildkröten durchgraben können. Das Freigehege der Nachzuchten sollte anschließend wie eine Miniaturausführung des großen Geheges eingerichtet werden. Dazu mischt man Erde mit Kalkschotter und verteilt es auf der gesamten Fläche. Viele Versteck- und Futterpflanzen sorgen dafür, dass die kleinen Schildkröten sich wohlfühlen und verstecken können. Das feuchte Mikroklima, das dort entsteht, sorgt für ein glattes Panzerwachstum.

Größe

Anfangs sollte das Freigehege nur ein bis zwei Quadratmeter betragen, damit du deine Tiere abends wiederfindest und das Gehege nicht betreten musst. Alle Arbeiten erledigst du am besten von außen, um kein Tier zu verletzen. Die kleinen Schildkröten benötigen genau wie die großen ihre Technik im Frühbeet. Wenn du ein Fundament bzw. einen Unterbau gebaut hast, wird das Frühbeet darauf verschraubt. Dann installierst du ein Schlafhaus mit Deckelheizung oder einen Elsteinstrahler als Heizmöglichkeit und eine Lampe als Wärmequelle. Bei kleineren Schildkröten bietet es sich an, eine Lampe mit UV-B Strahlung zu wählen, da diese das gesunde Panzer- und Knochenwachstum fördert. Alternativ kannst du auch ein Frühbeet mit Alltopverglasung wählen. Denke auch hier an einen automatischen Frühbeetöffner, um die Tiere im Sommer vor einem Hitzetod zu schützen.
Sowohl im Frühbeet als auch im Freigehege stellst du ausreichend Wasserschalen auf. Anfangs sollte man bei kleinen Schildkröten darauf achten, dass sie genügend Flüssigkeit aufnehmen. Deshalb setze ich meine Nachzuchten alle paar Tage in eine Wasserschale. Verwende dort Steine, damit die Schildkröte sich umdrehen kann, falls sie auf den Rücken fällt. Das Gehege solltest du mit einem Netz oder Kaninchendraht gegen Feinde sichern.

Gesundheits-Check

⟶ Beim wöchentlichen Check während der Saison oder alle 4 - 6 Wochen während der Winterstarre wird Folgendes kontrolliert:

Die Augen 1

Die Augen deiner Schildkröten müssen klar und geöffnet (während der Winterstarre geschlossen) sein. Sollten sie geschwollen, eingefallen oder trüb wirken, suche bitte einen reptilienerfahrenen Tierarzt auf.

Die Nase 2

Beim Atmen hörst du keine pfeifenden Geräusche und die Nase ist frei von Ausfluss.

Kotuntersuchung

Im Juli wird der Kot der Schildkröte untersucht, da die Behandlung bei möglichem Parasitenbefall mehrere Wochen dauert. Dafür entnimmst du frischen Kot, indem du die Schildkröte in lauwarmem Wasser badest. Auch frischer Kot aus dem Gehege kann verwendet werden. Sammle ihn zwei bis drei Tage in einem Röhrchen, dann schickst du die Kotprobe zu deinem Tierarzt oder in ein Labor. Bei positivem Befund werden die Schildkröten entwurmt. Ratsam ist eine weitere Kotuntersuchung nach der Winterstarre.

Der Mund 2

Die Hornscheiden nutzen sich durch Sepia und Knochen selbstständig ab. Ist dies nicht der Fall und deine Schildkröte hat einen Papageienschnabel entwickelt, ist es ratsam, einen Tierarzt aufzusuchen und dies korrigieren zu lassen. Während der Winterstarre sollte der Mundbereich trocken und ohne Ausfluss sein.

Der Panzer 3

Der Panzer ist bei adulten Tieren fest und ohne Verletzungen. Bei Jungtieren fühlt er sich wie ein Brötchen an, das man vorsichtig zusammendrückt. Er gibt etwas nach. Während der Winterstarre zeigt der Panzer ebenfalls keine Verletzungen. Der Bauchpanzer hat keine rote Färbung, ansonsten könnte dies auf eine Sepsis hinweisen und muss sofort vom Tierarzt behandelt werden. Sollte am Panzer oder an der Haut Schimmelbefall auftreten, muss man das Substrat austauschen.

Die Haut 4

Die Haut sollte frei von Verletzungen sein. Vor allem bei der Paarung kommt es oft zu schlimmen Verletzungen in der Schwanz- und Kloakenregion, die behandelt werden müssen.

Gewicht 5

Du kannst dein Tier regelmäßig wiegen, um festzustellen, wie viel es an Gewicht zugelegt hat. Während der Winterstarre darf die Schildkröte ca. 5 % des Körpergewichts verlieren. Solltest du dir unsicher sein, suche bitte einen reptilienerfahrenen Tierarzt auf. Er entscheidet, ob eine Auswinterung sinnvoll ist.

1

2

3

4

5

Winterstarre für Landschildkröten

⟶ Viele Landschildkröten halten eine Winterstarre, die auch Kältestarre genannt wird. Wenn die Umgebungstemperatur sinkt, fällt auch die Körpertemperatur der Tiere ab. Stoffwechsel, Atmung und Herzschlag reduzieren sich auf das Notwendigste, damit die Tiere die Monate überleben. Griechische Landschildkröten, Breitrandschildkröten und Steppenschildkröten halten eine Winterstarre. Bei der Maurischen Landschildkröte muss man sich genau informieren, welche Unterart starrt und welche eine weniger aktive Phase durchlebt.

Do!

- **Kontrolliere die Überwinterung deiner Tiere mittels entsprechender Technik.**
- **Lass die Landschildkröten unabhängig von Gewicht oder Alter gleich lang starren.**

Jede Landschildkröte, egal welchen Alters, hält eine Winterstarre.

Für jedes Alter

Die Winterstarre dauert, wenn man sich am natürlichen Habitat orientiert, ca. vier Monate. Dabei hat sich eine Temperatur von 4 - 6 °C bewährt. Diese Starre ist unabhängig vom Alter oder Gewicht der Schildkröte, denn auch Schlüpflinge starren bereits im ersten Jahr. Hier dient uns wieder das Vorbild der Natur, denn auch dort sammelt niemand die kleineren Schildkröten vor der Starre ein. Diese sollte für gesunde Schildkröten jeden Alters und Gewichts in gleicher Länge andauern. Werden die oben genannten Arten künstlich wachgehalten, beispielsweise im Terrarium, kann es zu enormen Organ- und Wachstumsschäden kommen. Die Zeit der Winterstarre gehört zum natürlichen Aktivitätsrhythmus der Schildkröte, um ein gesundes Leben zu führen und ist deshalb sehr wichtig.

Die Kisten werden mit Gartenerde und Buchenlaub vorbereitet, der Kühlschrank läuft zwei Wochen Probe.

Im November ist es so weit: Die Schildkröten kommen in ihre Kiste und werden in den Kühlschrank gestellt.

Vorbereitung auf die Starre

Die natürlichste Vorbereitung auf die Winterstarre findet im Freigehege und Frühbeet statt. Die Tiere spüren, dass die Tage kürzer werden, die Sonnenintensität abnimmt und die Tages- und Nachttemperaturen fallen. Dies ist nur draußen möglich. Deshalb ist es nicht sinnvoll, wenn du deine Tiere im Herbst in ein Übergangsgehege in dein Haus holst.

August Bereits Ende August bemerken die Tiere, dass die Tage kürzer werden. Meist sind sie bis in die frühen Abendstunden aktiv und fressen. Eventuell suchen sie ihre Schlafhäuser etwas früher auf.

September Schon im September sind viele Schildkröten inaktiver und fressen weniger. Deshalb ist es umso wichtiger, den Tieren in diesen Zeiten die entsprechende Technik anzubieten, sodass die Starre nicht länger als vier Monate dauert. Nachts sollte die Temperatur im Frühbeet nicht unter 13 °C fallen. Tagsüber brennt meine Wärmelampe von 8 – 17 Uhr, sodass die Tiere sich jederzeit aufwärmen können und ihre Vorzugstemperatur weiterhin erreichen.
Ich setze meine Schildkröten an einem sonnigen Tag einmal in lauwarmes Wasser, um sicherzustellen, dass der Wasserhaushalt für die Starre reguliert ist. Dabei achte ich darauf, dass die Schildkröten jederzeit aus der Badeschale klettern können, um Stress zu vermeiden.

Oktober Nun stellst du die Nachttemperatur so ein, dass deine Heizmöglichkeit (Kabel, Matte, Elstein) unter 12 °C anspringt. Die Lampe brennt weiterhin von 8 – 16 Uhr. Meist unternehmen die Tiere nur noch kurze Ausflüge ins Freigehege und sonnen sich lieber unter der Wärmelampe, indem sie sich im Frühbeet aufhalten. Sie fressen wenig oder gar nichts mehr. Jetzt ist es an der Zeit, das Schlafhaus mit Laub aufzufüllen oder deine Kisten für die Starre im Kühlschrank mit Erde und Laub vorzubereiten. Hier hat sich für mich Buchenlaub am besten bewährt.

November Mitte des Monats brennt deine Wärmelampe jeden Tag eine Stunde weniger. Nachts kannst du deine Heizmöglichkeit so einstellen, dass sie unter 10 °C zuheizt. Die meisten Schildkröten verschwinden nun in der Überwinterungsgrube und buddeln sich dauerhaft ein. Es kann jedoch auch vorkommen, dass eines der Tiere für ein kurzes Sonnenbad noch einmal auftaucht. Dies gehört zum natürlichen Verhalten einer Landschildkröte.

Dezember Spätestens ab Anfang Dezember sind meine Tiere alle in der Überwinterungsgrube verschwunden. Nun buddelst du sie aus und setzt sie in deine vorbereiteten Kisten in den Kühlschrank, falls du die Überwinterung dort durchführen möchtest. Die Temperatur in der Grube oder im Kühlschrank sollte nicht unter 4 °C fallen.

Überwinterung im Kühlschrank

⟶ Für alle Neulinge bietet sich die Kühlschranküberwinterung an, da man sie leicht kontrollieren kann. Wenn du noch unsicher bist, wie die Starre verläuft und dir Gedanken machst, ob es deinen Tieren gut geht und dies vielleicht auch in regelmäßigen Abständen überprüfen möchtest, ist die Starre im Kühlschrank eine gute Alternative.

Vorbereitungen

Beginne im Oktober mit den Vorbereitungen, damit der Kühlschrank inklusive der Kisten im November bereit ist. Der Kühlschrank sollte mit den vorbereiteten Kisten mindestens 1–2 Wochen Probe laufen.

Gemeinsam in die Winterstarre: Jungtiere können auch zu mehreren in einer Box überwintern.

In den ersten Jahren überwinterte ich meine Schildkröten ebenfalls im Kühlschrank. Dafür habe ich mir einen zusätzlichen Kühlschrank ohne Gefrierfach gekauft und diesen auf 4–6 °C eingestellt. Außerdem habe ich ein UT 300-Thermostat angebracht. Dieses sorgt dafür, dass der Kühlschrank bei Unterschreitung der eingestellten Temperatur automatisch ausgeschaltet und dadurch das Erfrieren der Tiere verhindert wird. Dazu steckst du den Fühler in eine der Überwinterungskisten und den Stecker des Kühlschranks in die Steckdose des UT 300. Den Kühlschrank solltest du an einem ruhigen Ort aufstellen, an dem eine konstante Temperatur herrscht. Ein Kellerraum wäre dafür optimal.

Winterkiste

Für jede adulte Schildkröte benötigst du eine eigene Plastikkiste, die mit Gartenerde gefüllt wird. Dafür eignet sich die Erde von Maulwurfshügeln besonders gut, da sie schön locker und frei von Pflanzenteilen ist. Achte darauf, dass du diese nur auf Wiesen sammelst, die nicht landwirtschaftlich genutzt werden. Wenn du die Kisten mit feuchter, leicht krümeliger Erde befüllt hast, stellst du sie in den Kühlschrank. Dabei sollten sie nicht die Rückwand berühren, da diese sehr kalt ist. Dann steckst du mindestens in die obere und untere Box neben die Schildkröte den Fühler eines Thermometers in die Erde, sodass man die Temperatur in den Boxen am außen gelegenen Display des

Sobald die erste Schildkröte auftaucht, wird die Technik hochgefahren und Futter angeboten.

Thermometers ablesen kann. Dieses wird mit doppelseitigem Klebeband befestigt. Je mehr Thermometer du verwendest, umso sicherer kannst du sein, dass die Temperaturen im Inneren stimmen. Des Weiteren besteht auch die Möglichkeit, Wasserflaschen in den Kühlschrank zu legen, denn sie helfen, die Temperatur konstant zu halten.
Wenn die Temperaturen draußen sowohl tagsüber als auch nachts bei 6 °C liegen und deine Schildkröten sich für mindestens zwei Wochen im Frühbeet vergraben haben, setzt du sie abends auf die Erde der Kisten im Kühlschrank und deckst sie mit feuchtem (aber nicht nassem) Buchenlaub zu. Ich habe das Buchenlaub immer mit einer Sprühflasche besprüht, bis es nicht mehr raschelt, wenn man es mit den Händen durchwühlt.

Lüften

Für die Sauerstoffversorgung deiner Schildkröten öffnest den den Kühlschrank 1 – 2 Mal pro Woche für eine Minute. So bleibt die Frischluftzufuhr gewährleistet.
Damit du entspannter durch die Zeit der Winterstarre kommst, kannst du deine Schildkröte alle 4 – 6 Wochen kurz herausnehmen, sie wiegen und einem kurzen Gesundheitscheck unterziehen. Bei einem Gewichtsverlust von mehr als 5 % des Ausganggewichtes solltest du über eine Auswinterung nachdenken und einen reptilienerfahrenen Tierarzt zu Rate ziehen.

Auswinterung

Nimm die Kisten abends aus dem Kühlschrank und grabe sie im Frühbeet oder Gewächshaus ein. So können deine Schildkröten selbst entscheiden, wann sie wach werden und aus der Kiste herauskrabbeln. Wenn du zu viele oder zu große Kisten hast, nimmst du die Schildkröten heraus und gräbst sie etwas in der Erde im Frühbeet ein. Dabei ist es wichtig, dass der Kopf frei bleibt, damit sie Luft bekommen. Du kannst den Körper auch mit Laub bedecken.
Sobald die Schildkröten wach sind und sich ausgebuddelt haben, schaltest du die Wärmelampe ein und stellst frisches Wasser und Wildkräuter bereit.

Do!

Nach einem kurzen Check-up sortierst du die Kisten um, da es unten im Kühlschrank am kältesten ist. So muss nicht immer die gleiche Schildkröte über die ganze Zeit an der kältesten Stelle überwintern.

Überwinterung im Frühbeet/Gewächshaus

⟶ Die für mich natürlichste und somit artgerechteste Möglichkeit bietet die Überwinterung in einer gebauten Grube unter oder neben dem Frühbeet oder Gewächshaus. So können die Schildkröten sich selbstständig auf die Winterstarre vorbereiten und auch an diesem Ort starren.

Grube bauen

Du hebst ein ca. 80 cm tiefes Loch aus und legst es mit Kaninchendraht oder Betonplatten aus, damit keine Feinde von unten in die Grube eindringen können. Dann füllst du 20 cm Schotter als Drainage auf. Darauf werden entweder dicke Styrodurplatten an alle vier Seiten

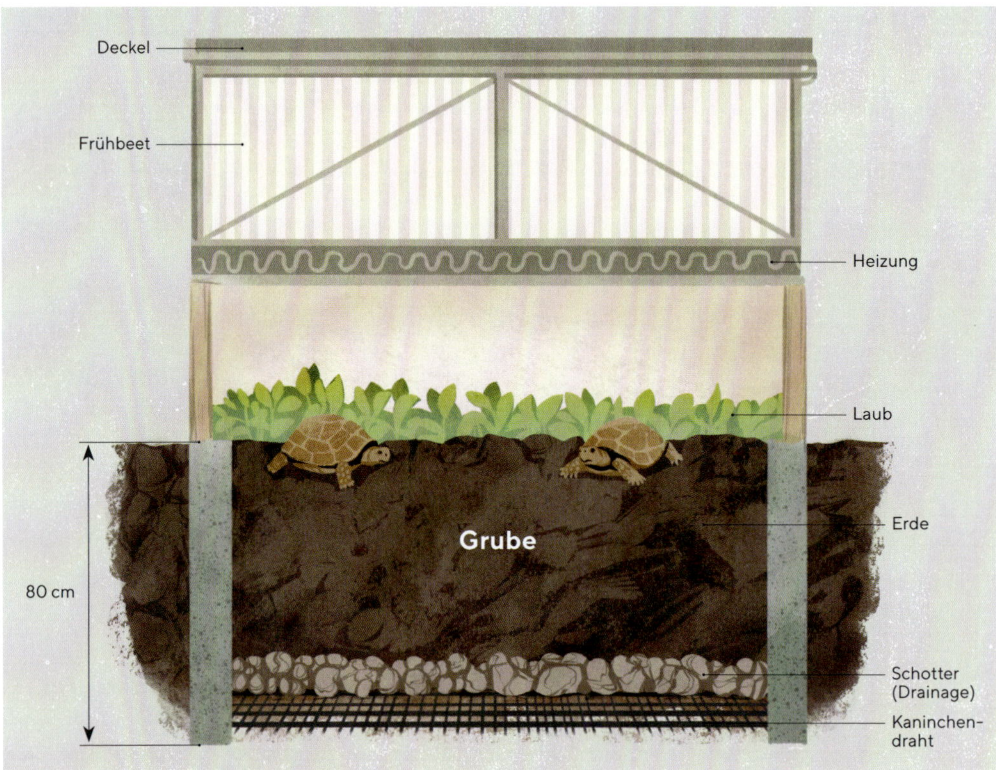

Über der Grube steht ein Schlafhaus mit integrierter Deckelheizung für die Winterstarre.

Sobald die Schildkröten aufgewacht sind, krabbeln sie aus den Schlafhäusern heraus.

als Wände gesetzt, die die Grube isolieren, oder ein Fundament aus Beton gegossen. Ich habe mich für Styrodurplatten entschieden, um die Grube jederzeit ändern oder erweitern zu können. Anschließend füllst du sie mit lockerer, grabfähiger Erde auf. Auch hier eignet sich Maulwurfshügel- oder Gartenerde bestens.

Schlafhaus

Über die Grube stellst du ein Schlafhaus aus Holz mit integrierter Deckelheizung, die dafür sorgt, dass die Temperatur während der Überwinterung bei mindestens 4 °C gehalten wird. Am besten steckst du direkt neben deine Tiere ein Thermometer in die Erde und überprüfst auch die Temperatur in tieferen Lagen. So kannst du sicher sein, dass selbst bei länger anhaltenden Minusgraden Plusgrade in der Grube herrschen. Hier empfehle ich ein Thermometer mit WLAN, damit man die Temperatur jederzeit vom Haus aus ablesen kann.

Überwinterung im Frühbeet

Die optimale Temperatur zur Überwinterung im Frühbeet beträgt 4 – 6 °C. Allerdings kommt es hier zu größeren Schwankungen, sodass man die Temperatur noch genauer im Blick behalten muss. Sowohl Minusgrade als auch zu hohe Werte schaden den Tieren. Daher solltest du an sonnigen Tagen dein Gehege beschatten, da der Stoffwechsel der Schildkröten bereits ab 8 °C arbeitet und deine Tiere aufwachen könnten.

Wenn sich alle Landschildkröten Mitte bis Ende November im Schlafhaus vergraben haben, fülle ich das Frühbeet mit Buchenlaub auf. Neben dem Schlafhaus mit Deckelheizung, die die Grube unter 4 °C beheizt, habe ich einen Elsteinstrahler installiert, der sich bei Minusgraden ebenfalls zuschaltet und so das Frühbeet frostfrei hält.

Keine Gesundheitskontrolle

Eine Kontrolle der Schildkröten während der Winterstarre ist im Frühbeet schwierig. Du kannst sie zwar ausgraben, kontrollieren und wiegen, allerdings müsstest du alles im Kalten durchführen. Außerdem gehst du das Risiko ein, dass sie sich anschließend nicht mehr selbstständig eingraben. Ich wiege sie ein letztes Mal, bevor sie sich vergraben, danach lasse ich sie in Ruhe.

Mein Tipp

Alternativ kannst du auch das Schildkrötensubstrat von Floragard verwenden. Dieses mische ich mit Gartenerde, da es mir sonst zu schnell austrocknet.

Überwinterung im Gewächshaus

Die Überwinterung im Gewächshaus ähnelt der im Frühbeet, allerdings steht hier eine größere Fläche für mehrere Tiere zur Verfügung, und so kann die Grube dementsprechend größer gestaltet werden. Auch hier habe ich sie aus Styrodurplatten und der oben erwähnten Drainage gebaut. Das Schlafhaus mit integriertem Heizkabel sorgt dafür, dass der Überwinterungsort Temperaturen über 2 °C halten kann. Zusätzlich hilft ein Frostwächter in Form einer kleinen Heizung, dass das gesamte Gewächshaus frostfrei gehalten wird.
Ein großer Vorteil der Winterstarre im Gewächshaus gegenüber der Starre im Frühbeet ist der begehbare Platz, um Kontrollen im geschützten Raum durchführen zu können. So ist es durchaus möglich, die Tiere hier nach 4 - 6 Wochen auszugraben, kurz zu wiegen und einem gesundheitlichen Check-up zu unterziehen.

Auswinterung aus dem Frühbeet oder Gewächshaus

Über die Auswinterung im Frühjahr brauchst du dir nicht viele Gedanken zu machen, da diese nahezu automatisch abläuft. Etwa Mitte bis Ende März buddeln die Schildkröten sich aus der Erde, da sie die steigenden Temperaturen spüren. Schon bald siehst du die ersten Panzer unter oder sogar über dem Laub. Sobald die erste Schildkröte das Schlafhaus verlässt, schaltest du die Wärmelampe an und stellst Futter bereit. Wasser sollte möglichst während der gesamten Überwinterung zur Verfügung stehen, es wird immer frisch aufgefüllt. Wie ich die Technik nach der Winterstarre einschalte, kannst du im Kapitel Technik Seite 38 - 39 nachlesen. Sollte im April immer noch keine Schildkröte zu sehen sein, klappst du den Deckel deines Holzhauses hoch, damit Wärme und Licht in die Grube gelangen. Meist hilft das schon, dass die Schildkröten das neue Jahr begrüßen.

Eine Heizung im Gewächshaus sorgt dafür, dass keine Minustemperaturen herrschen.

Thermo-Timer helfen auch während der Starre dabei, die Temperaturen im Blick zu haben.

Die richtige Technik hilft den Tieren, die Winterstarre gesund zu durchleben.

für Kids

Winter-starre

Was ist das?

Winterstarre

Bis bald

Aufgewacht

Einfach erklärt! Landschildkröten gehören zu den Reptilien, die im Winter eine Winterstarre halten. Wenn die Temperaturen draußen sinken, fällt auch die Körpertemperatur deiner Landschildkröte ab. Der Stoffwechsel, die Atmung und der Herzschlag werden viel langsamer und deine Schildkröten müssen nichts mehr essen und trinken.

Schildies im Ruhemodus

Auf Sparflamme
Anders als bei den Tieren, die einen Winterschlaf oder eine Winterruhe machen, brauchen Landschildkröten sich im Herbst kein Fettpolster anzufressen, da sie im Winter kaum Energie verbrauchen. Sie sind ganz starr und bewegen sich so gut wie gar nicht. Die Winterstarre dauert ca. vier Monate bei einer Temperatur von 4 – 6 °C. Dabei ist es egal, wie alt oder groß die Schildkröte ist. Alle starren gleich lange! Wenn deine Schildkröte keine Winterstarre macht, kann sie schwer krank werden.

Wo Schildkröten überwintern
Es gibt verschiedene Möglichkeiten, wie du deine Schildkröten überwintern kannst. Entweder baust du mit deinen Eltern eine Grube unter dem Frühbeet oder ihr kauft einen Kühlschrank und lasst sie dort starren. Sprich mit deinen Eltern, welche Möglichkeit ihr für sinnvoller haltet. Während der Winterstarre musst du deine Tiere zwar nicht füttern, aber die Temperaturen am Überwinterungsort sehr gut kontrollieren. Sowohl zu kalte Temperaturen (unter 2 °C) als auch zu warme (über 7 °C) können deiner Schildkröte schaden.

Auswintern
Zwischen Mitte und Ende März beenden deine Schildkröten ihre Starre selbst, wenn sie im Frühbeet überwintern. Wenn du sie aus dem Kühlschrank nimmst, setzt du sie am besten abends ins Frühbeet zurück. Du kannst sie mit Erde bedecken, musst aber bitte den Kopf freilassen, damit sie atmen kann. Sobald die erste Schildkröte wach ist, bietest du ihr Wasser und Futter an. Die Wärmelampe schaltest du nun von 9 – 15 Uhr ein. Dein neues Schildkrötenjahr beginnt!

Don't

Deine Schildkröte darf im Winter nicht wach bleiben und in einem Terrarium leben. Das macht sie krank und sie wächst dann viel zu schnell!

Service

Weitere Infos für dich

Zum Weiterlesen

Dennert, Carolin: **Ernährung von Landschildkröten.** Natur und Tier-Verlag

Geier, Thorsten: **Der Schildkröten-Gärtner.** Naturnahe Ernährung Europäischer Landschildkröten. Kleintierverlag

Geier, Thorsten: **Fester Panzer – Weiches Herz.** Der Ratgeber zur naturnahen Haltung Europäischer Landschildkröten. Kleintierverlag

Geier, Thorsten und Kiefer, Torsten: **Freigehege für Europäische Landschildkröten.** Ein Leitfaden für eine naturnahe Haltung im eigenen Garten. Kleintierverlag

Geier, Thorsten: **Winterstarre bei Europäischen Landschildkröten.** Naturnahe Vorbereitung und erfolgreiche Überwinterung. Kleintierverlag

Minch, Marion: **Freilandanlagen für Schildkröten.** Chimaira

Prauser, Lutz: **Manchmal sind es Mistviecher – warum man Schildkröten einfach lieben muss.** Kleintierverlag.

Schramm, Ricarda: **Landschildkröten-Futterpflanzen.** Tartaruga Verlag

Tezak, Boris u. a.: **Identifying Sex of Neonate Turtles with Temperature-dependent Sex Determination via Small Blood Samples.** Scientific Reports

Vinke, Thomas und Sabine: **Vermehrung von Landschildkröten.** Herpeton Verlag

Wegehaupt, Wolfgang: **Futterpflanzen.** Wegehaupt Verlag

Wegehaupt, Wolfgang: **Natürliche Haltung und Zucht der Griechischen Landschildkröte.** Wegehaupt Verlag

Kinderbücher

Dr. Halla, Ursula und Lebens, Matthias: **Griechische Landschildrköten – Das Erkundungsbuch für große und kleine Entdecker.** Kleintierverlag

Doms, Stephanie und Aistleitner, Daniela: **Wohin des Weges kleine Schildkröte?** Stadelmann Verlag

Dank

Ich danke Thorben Pohl von www.schildkroete-amanda.de für seine tatkräftige Unterstützung und meinem Mann Simon Wilms, der mir beim Schreiben des Buches den Rücken freigehalten hat.

Zum Weiterklicken

www.kleintierverlag.de
www.landschildkroeten-hunsrueck.de
www.schildkroete-amanda.de
www.schildkroetenfreund.de
www.schildkroetenforum.net
www.taschendinos.de
www.testudoland.hpage.com

Bezugsquellen für Technik & Zubehör

www.soli-animalis.de
www.schildkroetenshop.de
www.schildkroetenfarm-speyer-shop.de

Bezugsquellen fürs Gehege & Pflanzen

www.agrobs.de
www.baumschule-horstmann.de
www.kraeuterei-oldenburg.de
www.zierkiese.de

Gesundheit

www.exomed.de
www.dght.de/tieraerzte

Literaturverzeichnis wissenschaftliche Artikel

CHELAZZI, Guido; DELFINO, Giovanni. A field test on the use of olfaction in homing by Testudo hermanni (Reptilia: Testudinidae). Journal of Herpetology, 1986, 20. Jg., Nr. 3, S. 451 – 455.

EENDEBAK, B. Th. Incubation period and sex ratio of Testudo hermanni boettgeri. In: International Congress on Testudo Genus, Hyères. 2001. S. 227 – 331.

EENDEBAK, B. Th. Incubation period and sex ratio of Hermann's tortoise, Testudo hermanni boettgeri. Chelonian Conservation and Biology, 1995, 1. Jg., Nr. 3, S. 227 – 231.

GALEOTTI, Paolo, et al. Olfactory discrimination of species, sex, and sexual maturity by the Hermann's Tortoise Testudo hermanni. Copeia, 2007, 2007. Jg., Nr. 4, S. 980 – 985.

HUOT-DAUBREMONT, C.; BRADSHAW, D.; GRENOT, C. Temperature regulation in the tortoise Testudo hermanni, studied with indwelling probes. Amphibia-Reptilia, 1996, 17. Jg., Nr. 2, S. 91 – 102.

M. A. Cherchi – Termoregalazione in Testudo hermanni GMELIN

MEEK, R. Thermoregulatory behaviour in a population of Hermann's tortoise (Testudo hermanni) in southern Yugoslavia. Br. J. Herpetol., 1984, 6. Jg., Nr. 11, S. 387 – 391.

PULFORD, Elizabeth; HAILEY, Adrian; STUBBS, David. Thermal relations of Testudo hermanni robertmertensi Wermuth in S. France. Amphibia-Reptilia, 1984, 5. Jg., Nr. 1, S. 37 – 41.

Register

Bildnachweis

122 Farbfotos wurden von Anna Auerbach/Kosmos für dieses Buch aufgenommen.
Weitere Farbfotos von AdobeStock (aquatarkus 1: S. 31/1, dule964 1: S. 33/3, David GABIS 1: S. 17 o., Juri 1: S. 51/3, kelifamily 1: S. 33/2, Joachim Neumann 1: S. 18 u., Wolfgang Simlinger 2: S. 17 u., 18 o., TrngPhp 1: S. 33/4, Vadym Zaitsev 1: S. 33/1), Tatjana Drewka/Kosmos (1: S. 73 M. r.), Shutterstock (fotografermen 1: S. 59/2, gcpics 1: S. 41/7, heymrpatrick studio 1: S. 63/2, Ihor Hvozdetskyi 1: S. 52/1, Ilina93 1: S. 41/4, LiliGraphie 1: S. 63/1, leopictures 1: S. 55/1, MichaelJayBerlin 1: S. 41/6, Pixel-Shot 1: S. 59/1, PhonlamaiPhoto 1: S. 41/1, Tatiana Popova 1: S. 41/10, Quang Ho 1: S. 59/3, Manfred Ruckszio 2: S. 25 M., 52/3, M. Schuppich 1: S. 52/6, Muchammad iswan yurianto 1: S. 41/2), Svenja Wilms (13: S. 25 u., 31/1 und 31/8, 36, 40 o. l., 47, 52/2 und 52/4, 55/1, 57 beide, 75 l., 77 l.)

Mit 19 Illustrationen von Hanna Wenzel/Kosmos.

Impressum

Umschlaggestaltung von GRAMISCI Editorialdesign/Stefanie Wawer unter Verwendung von 7 Farbfotos von Anna Auerbach/Kosmos und 4 Farbzeichnungen von Hanna Wenzel/Kosmos.

Mit 169 Farbfotos und 23 Farbzeichnungen.

Alle Angaben in diesem Buch erfolgen nach bestem Wissen und Gewissen. Sorgfalt bei der Umsetzung ist indes dennoch geboten. Der Verlag und die Autorin übernehmen keinerlei Haftung für Personen-, Sach- oder Vermögensschäden, die aus der Anwendung der vorgestellten Materialien, Methoden oder Informationen entstehen könnten.

Unser gesamtes Programm finden Sie unter **kosmos.de.**
Über Neuigkeiten informieren Sie regelmäßig unsere
Newsletter, einfach anmelden unter **kosmos.de/newsletter**

Gedruckt auf chlorfrei gebleichtem Papier

© 2024, Franckh-Kosmos Verlags-GmbH & Co. KG,
Pfizerstraße 5 – 7, 70184 Stuttgart
Alle Rechte vorbehalten
ISBN 978-3-440-17848-5
Redaktion: Alice Rieger
Gestaltungskonzept: GRAMISCI Editorialdesign, Claudia Geffert, München
Gestaltung und Satz: Atelier Krohmer, Dettingen/Erms
Produktion: Angela List
Druck und Bindung: Westermann Druck Zwickau GmbH, Zwickau
Printed in Germany / Imprimé en Allemagne

FSC
www.fsc.org
MIX
Papier | Fördert gute Waldnutzung
FSC® C110508